大数据丛书

深度学习：方法及应用

Deep Learning: Methods and Applications

[美] 邓力（Li Deng）　◎著
俞栋（Dong Yu）

谢磊　◎译

机械工业出版社

本书对深度学习方法以及它在各种信号与信息处理任务中的应用进行了阐述。书中所列举的应用是根据以下三个标准来选取的：①本书作者所具备的专业技能和知识；②由于深度学习技术的成功应用而取得了重大突破的领域，比如语音识别和计算机视觉等；③由于深度学习的应用而有可能发生巨变的应用领域，以及从深度学习的最新研究中获益的应用领域，其中包括自然语言和文本处理、信息检索和多任务深度学习驱动下的多模态信息处理等。

本书适用于对深度学习方法以及它在各种信号信息处理应用方面具有浓厚兴趣的学生与研究人员。

Deep Learning: Methods and Applications / now Publishers Inc. / 1-1 / by Li Deng, Dong Yu / ISBN: 9781601988140

Original English Language Edition published by now Publishers Inc..

© China Machine Press 2014. Authorized translation of the English edition © Li Deng and Dong Yu. This edition is published and sold by permission of Now Publishers, Inc., the owner of all rights to publish and sell the same.

This title is published in China by China Machine Press with license from now Publishers Inc.. This edition is authorized for sale in China only, excluding Hong Kong SAR, Macao SAR and Taiwan. Unauthorized export of this edition is a violation of the Copyright Act. Violation of this Law is subject to Civil and Criminal Penalties.

本书由now Publishers Inc.授权机械工业出版社在中国大陆地区（不包括香港、澳门特别行政区以及台湾地区）出版与发行。未经许可之出口，视为违反著作权法，将受法律之制裁。

北京市版权局著作权合同登记　图字：01-2015-5213号

图书在版编目（CIP）数据

深度学习：方法及应用/（美）邓力，（美）俞栋著；谢磊译.
—北京：机械工业出版社，2015.12（2017.10重印）
书名原文：Deep Learning: Methods and Applications
ISBN 978-7-111-52906-4

Ⅰ.①深…　Ⅱ.①邓…②俞…③谢…　Ⅲ.①人工智能
Ⅳ.①TP18

中国版本图书馆CIP数据核字（2016）第027177号

机械工业出版社（北京市百万庄大街22号　邮政编码100037）
策划编辑：王　康　　责任编辑：王　康　汤　嘉
版式设计：霍永明　　责任校对：闫玥红
封面设计：路恩中　　责任印制：常天培
北京京丰印刷厂印刷
2017年10月第1版第6次印刷
169mm×239mm · 10.75印张 · 201千字
标准书号：ISBN 978-7-111-52906-4
定价：39.80元

凡购本书，如有缺页、倒页、脱页，由本社发行部调换
电话服务　　　　　　　　　　　网络服务
服务咨询热线：010-88361066　　机 工 官 网：www.cmpbook.com
读者购书热线：010-68326294　　机 工 官 博：weibo.com/cmp1952
　　　　　　　010-88379203　　金　书　网：www.golden-book.com
封面无防伪标均为盗版　　　　　教育服务网：www.cmpedu.com

译者序

深度学习是目前人工智能、机器学习领域异常火热的研究方向，受到了学术界和工业界的高度关注，被《麻省理工学院技术评论》（MIT Technology Review）评为2013年十大突破性技术之首。深度学习已经在语音识别、图像识别、自然语言处理等诸多领域取得了突破性进展，对学术界和工业界产生了深远的影响。本书原著的作者——微软研究院的邓力博士和俞栋博士是最早将深度学习技术付诸于语音识别工业级实践的专家，他们和深度学习专家多伦多大学Geoffrey Hinton教授合作，最早将深度神经网络应用于大词汇量连续语音识别领域中，使相对识别错误率降低了20%以上。

作为多年的导师和好朋友，两位专家将这本书的中文翻译任务交付给我，我倍感荣幸。此次中译本是在忠于原著的基础上进行翻译的，既涉及深度学习的背景和基本概念，又涉及常用的模型与方法，同时包含深度学习在不同领域中的应用。本书共有12章，具体内容包括：引言、深度学习的历史、三类深度学习网络、深度自编码器、预训练的深度神经网络、深度堆叠网络及其变种、语音和音频处理中的应用、在语言模型和自然语言处理中的相关应用、信息检索领域中的应用、在目标识别和计算机视觉中的应用、多模态和多任务学习中的典型应用、结论。

本书的翻译除了受到原著作者的指导，也受到了张蓬副教授、陈小敏、吕航、丁闯、孙思宁、何长青、樊博、张弭弘、张彬彬、周祥增的帮助，在此表示感谢。同时感谢机械工业出版社的大力支持与推动。没有他们的帮助，本书的翻译是无法促成的。

由于深度学习技术是一个快速发展的方向，新的模型和应用层出不穷，加之本人学识有限以及中英文语言表达、术语翻译上的差异，书中难免存在错误，还请广大读者指正与原谅。建议读者在学习过程中和英文原著一起阅读，并参考本书引用的参考文献，以便提高学习和理解效果。

谢磊

原书序

"这本书对最前沿的深度学习方法及应用进行了全面的阐述,不仅包括自动语音识别(ASR),还包括计算机视觉、语言建模、文本处理、多模态学习以及信息检索。在深度学习这一领域,这是第一本,也是最有价值的一本书,能使读者对这一领域进行广泛而深入的学习。深度学习对信息处理的很多方面(尤其对语音识别)都具有重大的影响,甚至对整个科技领域的影响也不容忽视。因此,对于有意了解这一领域的学者,这本书是绝对不容错过的。"

——Sadaoki Furui,芝加哥丰田技术研究院院长,日本东京工业大学教授

目 录

译者序
原书序
1 引言 ·· 1
   1.1   深度学习的定义与背景 ·· 2
   1.2   本书的结构安排 ·· 5
2 深度学习的历史 ·· 7
3 三类深度学习网络 ·· 17
   3.1   三元分类方式 ·· 18
   3.2   无监督和生成式学习深度网络 ·· 19
   3.3   监督学习深度网络 ·· 23
   3.4   混合深度网络 ·· 25
4 深度自编码器——一种无监督学习方法 ·· 29
   4.1   引言 ·· 30
   4.2   利用深度自编码器来提取语音特征 ·· 30
   4.3   堆叠式去噪自编码器 ·· 37
   4.4   转换自编码器 ·· 37
5 预训练的深度神经网络——一种混合方法 ······································ 39
   5.1   受限玻尔兹曼机 ·· 40
   5.2   无监督逐层预训练 ·· 43
   5.3   DNN 和 HMM 结合 ·· 45
6 深度堆叠网络及其变形——有监督学习 ·· 47
   6.1   简介 ·· 48
   6.2   深度堆叠网络的基本结构 ·· 49
   6.3   一种学习 DSN 权值的方法 ·· 50
   6.4   张量深度堆叠网络 ·· 51

  6.5 核化深度堆叠网络 ·· 54
7 语音和音频处理中的应用 ··· 59
  7.1 语音识别中声学模型的建立 ·· 60
  7.2 语音合成 ·· 76
  7.3 音频和音乐处理 ·· 77
8 在语言模型和自然语言处理中的相关应用 ···························· 79
  8.1 语言模型 ·· 80
  8.2 自然语言处理 ··· 84
9 信息检索领域中的应用 ·· 93
  9.1 信息检索简介 ··· 94
  9.2 用基于深度自编码器的语义哈希方法对文档进行索引和检索 ······ 95
  9.3 文档检索中的深度结构语义模型 ··································· 95
  9.4 信息检索中深度堆叠网络的应用 ··································· 101
10 在目标识别和计算机视觉中的应用 ···································· 103
  10.1 无监督或生成特征学习 ·· 104
  10.2 有监督特征学习和分类 ·· 106
11 多模态和多任务学习中的典型应用 ···································· 113
  11.1 多模态：文本和图像 ·· 114
  11.2 多模态：语音和图像 ·· 118
  11.3 在语音、自然语言处理或者图像领域的多任务学习 ············· 120
12 结论 ·· 125
附录 ··· 129
参考文献 ·· 131

1

引 言

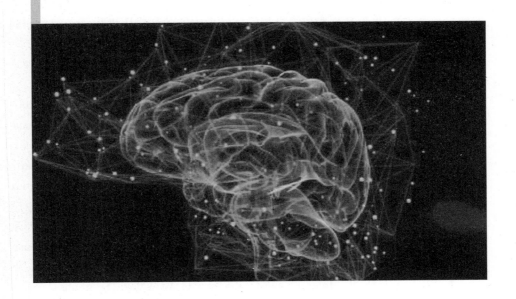

1.1 深度学习的定义与背景

2006年，深度结构学习（经常被称作深度学习或分层学习）作为机器学习研究的一个新的领域出现了[20,163]。在过去的几年里，由深度学习发展而来的一些科学技术对信号和信息处理的各个方面都产生了深远的影响，这种影响不仅存在于传统领域，也存在于诸如机器学习和人工智能等一些重要的新兴领域中；对于此类研究，文献[7, 20, 24, 77, 94, 161, 412]进行了概述，媒体报道[6, 237]也有所涉及。近年来，很多研讨会、教程、期刊专刊或专题会议都对深度学习及其在信号和信息处理中的各种应用进行了专门的研讨活动，其中包括：

• 2008 年 NIPS（Neural Information Processing Systems，神经信息处理系统）深度学习研讨会（2008 NIPS Deep Learning Workshop）；

• 2009 年 NIPS 关于深度学习的语音识别及相关应用的研讨会（2009 NIPS Workshop on Deep Learning for Speech Recognition and Related Applications）；

• 2009 年国际机器学习大会（International Conference on Machine Learning，ICML）关于学习特征的研讨会（2009 ICML Workshop on Learning Feature Hierarchies）；

• 2011 年国际机器学习大会关于语音和视觉信息处理中学习架构、表示和最优化的研讨会（2011 ICML Workshop on Learning Architectures, Representations, and Optimization for Speech and Visual Information Processing）；

• 2012 年 ICASSP（International Conference on Acoustics, Speech and Signal Processing，国际声学，语音与信号处理会议）关于在信号和信息处理中深度学习应用的研讨会（2012 ICASSP Tutorial on Deep Learning for Signal and Information Processing）；

• 2012 年国际机器学习大会关于学习表示的研讨会（2012 ICML Workshop on Representation Learning）；

• 2012 年 IEEE《音频、语音和语言处理》（T-ASLP，1月）会刊中有关语音和语言处理中深度学习专栏（2012 Special Section on Deep Learning for Speech and Language Processing in IEEE Transactions on Audio, Speech, and Language Processing（T-ASLP, January））；

• 2010，2011 和 2012 年 NIPS 关于深度学习和无监督特征学习的研讨会（2010, 2011, and 2012 NIPS Workshops on Deep Learning and Unsupervised Feature Learning）；

- 2013 年 NIPS 关于深度学习和输出表示学习的研讨会（2013 NIPS Workshops on Deep Learning and on Output Representation Learning）；
- 2013 年 IEEE《模式分析和机器智能》（T-PAMI，9 月）的杂志中有关学习深度架构的特刊（2013 Special Issue on Learning Deep Architectures in IEEE Transactions on Pattern Analysis and Machine Intelligence（T-PAMI，September））；
- 2013 年关于学习表示的国际会议（2013 International Conference on Learning Representations）；
- 2013 年国际机器学习大会关于表示学习面临的挑战研讨会（2013 ICML Workshop on Representation Learning Challenges）；
- 2013 年国际机器学习大会关于音频、语音和语言处理中深度学习的研讨会（2013 ICML Workshop on Deep Learning for Audio，Speech，and Language Processing）；
- 2013 年 ICASSP 关于语音识别中的新型神经网络以及相关应用专栏（2013 ICASSP Special Session on New Types of Deep Neural Network Learning for Speech Recognition and Related Applications）

本书的作者一直从事深度学习的研究，也组织或参与过上述中的一些重要会议以及特刊的编写工作。要特别提出的是，本书作者频频受邀在众多重要会议上对深度学习进行专题报告，而本书的部分内容也是基于这些报告内容整理而成的。

在开始详细介绍深度学习的内容之前，我们有必要先了解一些基本概念，下面是一些与深度学习密切相关的概念和描述：

- **定义 1**："机器学习是一类利用多个非线性信息处理层来完成监督或者无监督的特征提取和转化，以及模式分析和分类等任务的技术。"
- **定义 2**："深度学习是机器学习的子领域，它是一种通过多层表示来对数据之间的复杂关系进行建模的算法。高层的特征和概念取决于低层的特征和概念，这样的分层特征叫做深层，其中大多数模型都基于无监督的学习表示。"（2012 年 3 月维基百科对深度学习的定义。）
- **定义 3**："深度学习是机器学习的子领域，它是基于多层表示的学习，每层对应一个特定的特征、因素或概念。高层概念取决于低层概念，而且同一低层的概念有助于确定多个高层概念。深度学习是基于表示学习的众多机器学习算法中的一员。一个观测对象（比如一张图片）可以用很多种方式表示（如像素的一个向量），但是有的表示则可以使基于训练样本的学习任务变得更容易（如判定某张图像是否为人脸图像）。这一研究领域试图解决一个问题：哪些因素可以产生更好的表示，以及对于这些表示应该如何学习。"

(2013 年 2 月维基百科对深度学习的定义。)

- 定义 4：''深度学习是机器学习的一系列算法，它试图在多个层次中进行学习，每层对应于不同级别的抽象。它一般使用人工神经网络，学习到的统计模型中的不同层对应于不同级别的概念。高层概念取决于低层概念，而且同一低层的概念有助于确定多个高层概念。''（2013 年 10 月维基百科对深度学习的最新定义。）

- 定义 5：''深度学习是机器学习研究的一个新领域，它的出现将机器学习向人工智能这一目标进一步拉近。深度学习是对多层表示和抽象的学习，它使一些包括如图像、声音和文本的数据变得有意义。''（参看网址：https://github.com/lisa-lab/DeepLearningTutorials）

应该注意的是，本书所讨论的深度学习是使用深度结构来对信号和信息进行处理，而不是对信号或信息的深度理解，尽管在有的情况下这两个方面可能会比较相似。在教育心理学中，是这样定义深度学习的：''深度学习是描述学习的一种方法，其特点是：主动参与、内在激励和个人对意义的探索。''（http://www.blackwellreference.com/public/tocnode?id=g9781405161251_chunk_g978140 51612516_ss1-1）我们应该注意将深度学习与教育心理学中的这些被滥用的术语区别开来。

在上述多个不同的高层描述中有两个重要的共同点：（1）都包含多层或多阶非线性信息处理的模型；（2）都使用了连续的更高、更抽象层中的监督或无监督学习特征表示的方法。深度学习是包括神经网络、人工智能、图模型、最优化、模式识别和信息处理的交叉领域，它今天之所以如此受欢迎，有三个重要原因：其一，芯片处理性能的巨大提升（比如，通用图形处理器）；其二，用于训练的数据爆炸性增长；其三，近来，机器学习和信号/信息处理研究有了很大进展，这些都使深度学习方法可以有效利用复杂的非线性函数和非线性的复合函数来学习分布和分层的特征表示，并且可以充分有效地利用标注和非标注的数据。

近年来活跃在机器学习领域的研究机构包括众多高校，比如多伦多大学、纽约大学、加拿大蒙特利尔大学、斯坦福大学、加州大学伯克利分校、加州大学、伦敦大学学院、密歇根大学、麻省理工学院、华盛顿大学，还有一些企业，如微软研究院（从 2009 年开始）、谷歌（大概从 2011 年开始）、IBM 研究院（大概从 2011 年开始）、百度（从 2012 开始）、Facebook（从 2013 年开始）、IDIAP 研究所、瑞士人工智能研究所等。参看网址：http://deeplearning.net/deep-learning-research-groups-and-labs/

这些研究机构将深度学习方法成功地用于计算机领域的众多应用中，其中包括：计算机视觉、语音识别、语音搜索、连续语音识别、语言与图像的特征编码、语义话语分类、自然语言理解、手写识别、音频处理、信息检索、机器人学，甚至有一个关于分子生物学的研究指出在深度学习方法的引领下发现了新的药物[237]。

本书在最后一部分列出了一些参考文献，如果需要了解这个领域的最新进展，推荐到以下网址获取：

- http://deeplearning.net/reading-list/
- http://ufldl.stanford.edu/wiki/index.php/UFLDL_Recommended_Readings
- http://www.cs.toronto.edu/~hinton/
- http://deeplearning.net/tutorial/
- http://ufldl.stanford.edu/wiki/index.php/UFLDL_Tutorial

1.2 本书的结构安排

本书后续章节按照以下结构进行编排：

在第2章中，我们将简要对深度学习的历史加以回顾，主要从以下三个问题入手：第一，深度学习对语音识别技术有哪些影响。第二，这一重大科技革命是如何开始的。第三，它是如何获得并保持如此强大动力的。

第3章讲述了深度学习中绝大多数研究所使用的三元分类法。其中包括：有监督、无监督和混合深度学习网络。在分类任务中，混合深度学习网络利用无监督学习（或称为预训练）来辅助下一个阶段的监督学习。有监督和混合深度神经网络通常都具有同一类型的深度网络体系或结构，但是无监督深度网络的结构却往往不同。

第4~6章分别集中介绍了深度结构的三种主流类型，这三种类型都来源于第3章中所提到的三元分类法。在第4章中，深度自编码器作为无监督深度学习网络的经典方法，我们将详细对其进行介绍并加以讨论。虽然其中巧妙地利用到了反向传播这样的监督学习算法，但是在学习的过程中并没有使用类别标签信息，而是将输入信号本身作为"监督"信号。

第5章作为混合深度网络分类的主要实例讲解部分，详细介绍了这种用无监督生成式的预训练方法来提高监督训练效率的深度学习网络。在训练数据有限，并且没有其他合适的正则化方法（如dropout）可利用的情况下，混合深度学习网络是很有用的。这种独特的预训练方法是以受限玻尔兹曼机和本章所要学习的深度学习网络为基础的，它开启了深度学习在语音识别和其他信息处理任务中的早期应用，具有很重要的历史意义。除了回顾综述以外，我们也讨论了混合深度学习网络的后续发展和近期出现的一些不同观点。

第6章详细讨论了基于三元分类法的判别式、有监督深度神经网络的一些具体实例——基本的深度堆叠式网络及其扩展。这类深度网络的工作原理与深度神经网络在很多方面都有所不同。需要特别指出的是，它们在建立宏观深度网络的层或模块时采用目标作为标签来简化学习算法。另外，深度网络中的部分假设，如模块中输出单元呈线性的假设，也简化了网络的学习算法，使得我们可以构建和学习比第4章和第5章中网络更丰富的架构。

第7~11章选取了一些深度学习在信号和信息处理各个领域中成功的典型应用。第7章回顾了深度学习在语音识别、语音合成和音频处理中的应用，文献综述中围绕语音识别这一主要议题的几个突出问题划分了几个小节。

第8章主要介绍了深度学习在语言模型和自然语言处理中的最新应用成果，其中强调了将符号实体（如词语）转化为低维连续向量的最新进展。

第9章主要集中于对深度学习在信息检索（包含网页搜索）中的突出应用的介绍。

第10章涉及了深度学习在计算机视觉领域中有关图像目标识别的几大应用。这一章将深度学习的方法分为两大类：（1）无监督特征学习；（2）端对端的监督学习以及特征间的学习和分类。

第11章主要介绍了深度学习在多模态处理和多任务学习中的几大应用。我们根据输入到深度学习系统中的多模态数据特征将其分为三类。对于语音、文本或图像的单模态数据，本文也回顾了基于深度学习方法的一些多任务学习研究。

最后，第12章对本书内容进行了总结，并对深度学习将面临的挑战和它的发展方向进行了讨论。

本书内容精短，包括了几位作者提供的专题报告，一次是2011年10月APSIPA会议上的报告，另一次是2012年3月ICASSP会议上的报告。另外，本书也根据领域内的进展，提供了大量更新到2014年1月的内容（包括在2013年12月举办的NIPS-2013和IEEE-ASRU-2013两次会议中的一些资料），这些内容主要集中于近几年快速发展的深度学习研究和技术的应用层面。

深度学习的历史

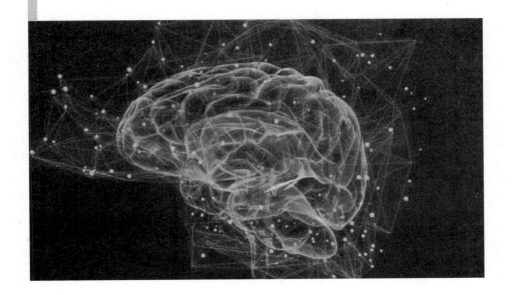

以前，绝大多数机器学习和信号处理技术都利用浅层结构，这些结构一般包含最多一到两层的非线性特征变换，这种状况直到近几年才得以改变。浅层结构包括高斯混合模型（GMM）、线性或非线性动力系统、条件随机场（CRF）、最大熵模型（MaxEnt）、支持向量机（SVM）、逻辑回归（LR）、核回归以及多层感知器（MLP）（包括极限学习器而且只包含一个隐层）。例如，当使用核方法时，支持向量机就会使用一个只包含一个或零个特征转换层的浅层线性模式的分离模型（最近由深度学习发展而来的一些核方法尤其值得注意，请参见文献[9, 53, 102, 377]）。已经证明，浅层结构在解决很多简单的或者限制较多的问题上效果明显，但是由于其建模和表示能力有限，在遇到实际生活中一些更复杂的涉及自然信号（比如人类语音、自然声音和语言、自然图像和视觉场景）的问题时就会遇到各种困难。

然而，人类信息处理机制（比如视觉和听觉）总是需要深度结构从丰富的感官输入信息中提取复杂结构并构建内部表示。例如，由于人类语言的产出和感知系统都具有清晰的层结构，这就使得信息可以从波形层转换到语言层[11,12,74,75]。同理，人类视觉系统也有分层的特点，这些虽然基本都只是存在于感知层面，但有趣的是，有时候在产出时也有分层的特点[43,126,287]。我们相信，如果能提出更高效且更有效的深度学习算法，那么用于处理这种自然信号的最前沿技术也将进一步得到提高。

深度学习的概念起源于对人工神经网络的研究（所以有时候可能会听到"新一代神经网络"的说法）。前馈神经网络或具有多隐层的多层感知器——也叫做深度神经网络（Deep Neural Network，DNN）——是深度结构模型中很好的范例。反向传播算法（back-propagation）流行于20世纪80年代，是广为人知的一种学习算法，在学习网络参数上很有用。遗憾的是，仅仅使用反向传播算法在实际学习隐层数目较少的网络时效果并不是很好[20,129]。在优化目标为非凸函数的深度神经网络中，来自局部最优化或其他最优化问题的挑战普遍存在，这些挑战通常是学习中面临的主要困难。反向传播算法基于局部梯度信息，并往往从一些随机的初始点开始，当使用批量梯度下降或随机梯度下降的反向传播算法时，目标函数经常会陷入局部最优的境地。随着网络层数的加深，局部最优的情况也就会变得越来越严重。之所以出现上述问题，部分原因在于：我们虽然对小规模的神经网络的探究从未间断过[42,45,87,168,212,263,304]，但是大多数机器学习和信号处理研究方向有所偏离，人们将重点从对神经网络的研究转移到对具有凸损失函数的浅层模型（例如，支持向量机、CRF和MaxEnt模型）的研究，这类模型以降低建模能力为代价，达到快速高效地收敛到全局最优化的目的，所以深层网络常陷入局部最优的问题还有待解决。

2006年Hinton在研讨会上的两篇论文[163, 164]中介绍了一种高效的无监督学习算法，它们经验性地缓解了与深度模型相关的最优化难题。这两篇论文介绍了一类叫作深度置信网络（Deep Belief Network，DBN）的深度产生式模型。DBN 是由一组受限玻尔兹曼机（RBMs）堆叠而成的，它的核心部分是贪婪的、逐层学习的算法，这种算法可以最优化深度置信网络的权重，它的时间复杂度与网络的大小和深度呈线性关系。使人意想不到的是，使用配置好的深度置信网络来初始化多层感知器的权重，常常会得到比随机初始化的方法更好的结果。包含多个隐层的多层感知器或深度神经网络，通过无监督的深度置信网络来进行预训练，然后通过反向传播微调来实现，在文献［67，260，258］中也称之为深度置信网络。最近，研究者对于 DNN 与 DBN 进行了更加细致的区分[68,161]，如果使用 DBN 去初始化 DNN 的训练时，这种网络可以被称为 DBN-DNN[161]。

与受限玻尔兹曼机的发展相独立，在 2006 年，两个不同的、非概率的、非产生式的无监督的深度模型出现了。一个是自编码器的一种变体，使用与 DBN 训练相似的贪心分层进行训练。另一个是基于能量的模型，用稀疏的完备表示来进行非监督学习。与 DBN 相似，它们都可以对深度神经网络进行高效的预训练。

除了具有好的初始点，DBN 还有一些颇具吸引力的优点：第一，它的学习算法可以有效使用未标注的数据；第二，它可以看作是一个概率生成模型；第三，对于经常出现在诸如 DBN 这样的含有数百万个参数的模型中的过拟合问题，以及经常出现在深度网络中的欠拟合问题，都可以通过产生式预训练方法得到有效解决[259]。

在 DNN 中，多神经元隐层的使用不仅显著提高了 DNN 的建模能力，而且产生出了许多接近的最优配置。即使参数学习过程陷入局部最优，但由于出现欠佳的局部最优的概率比网络中应用少数神经元的时候要低，所以最终的 DNN 仍然效果很好。然而，在训练过程中使用深而宽的神经网络需要强大的计算性能，这也就解释了为什么直到最近几年研究人员才开始认真探索这种既深又宽的神经网络的问题。

更好的学习算法和不同种的非线性关系也促使了 DNN 的成功。随机梯度下降（SGD）算法在大多数训练集较大且数据丰富的情况下是最有效的算法[39]。最近，研究证实随机梯度下降（SGD）可以有效地实现并行，一种方法是通过异步模式[69]使用多台机器，另一种方法是使用多 GPU 的流水线型的反向传播算法[49]。此外，从单个或小批量样本中估计出的嘈杂梯度使得 SGD 通常能让训练跳出局部最优。其他学习算法如 Hessian free[195,238]或 Krylov subspace[378]方法都表现出了类似的能力。

对于 DNN 学习的高度非凸优化问题，由于优化是从初始模型开始的，所以很明显，更好的参数初始化技术将会打造出更好的模型。然而，不明显的是：如何有效和高效地初始化 DNN 参数以及如何使用大量的训练数据来缓解学习中的问题。对于这些问题，直到最近，文献［28，20，100，64，68，163，164，161，323，376，414］对其进行了探索和分析。此外，之前讨论中提出的无监督的预训练方法是最引人注目的 DNN 参数初始化技术。

DBN 预训练并不是唯一可以使 DNN 有效初始化的过程，另一种性能相当的无监督的方法是：对 DNN 进行逐层地预训练，通过将每两层视为一个除噪自编码器，该除噪自编码器通过将输入节点的随机子集设置为零而进行正则化[20,376]。另一种方法则是使用压缩自编码器，它通过使输入变量具有更好的鲁棒性来达到同样的目的，例如，对于输入，它通过惩罚隐层单元的激发函数的梯度[303]来达到目的。此外，Ranzato 等人[294]开发了稀疏编码对称机（SESM），其在构建 DBN 模块中具有和 RBM 非常类似的架构，它也可以用来有效地初始化 DNN 训练。除了使用贪心的逐层过程进行无监督预训练[28,164,295]，有监督的预训练（有时称为判别式预训练）也证明是很有效的[28,161,324,432]，并且在有标签的训练数据充足的情况下比无监督的预训练技术表现得更好。判别式预训练的思想是：从一个经过 BP 算法训练的单个隐层 MLP 开始，每一次需要添加一个新的隐层时，用一个随机初始化的新的隐层和输出层替换原有输出层，并用 BP 算法训练全新的 MLP（或 DNN）。与无监督预训练技术不同的是，判别式预训练技术需要标签。

有研究人员将深度学习应用于语音和视觉，他们分析了 DNN 在语音和图像中捕获了哪些信息，比如，文献［259］用一种降维方法来可视化研究通过 DNN 学习到的特征向量之间的关系。他们发现，DNN 的隐藏激活向量保留了与多个尺度上的特征向量相似的结构，这一点对于滤波器组特征（filterbank feature）来说尤为如此。最近，Zeiler 和 Fergus[436] 精心设计了另一种可视化方法，该方法基于一个在分类网络的相反方向自上而下的生成过程，用来检测深度卷积网络从图像数据中捕获的特征。深层网络的强大之处在于，它们拥有在提取合适特征的同时做判别的能力[210]。

可以从另一个角度来了解这个发展历程，即用"成熟度曲线"来回顾人工神经网络的历史。这是一种用图来对一种特定技术的成熟期、接受程度和社会应用进行描述的方式。图 2.1 显示的是由高德纳咨询公司（Gartner）绘制的 2012 版的成熟度曲线图，用来展示一项技术或应用是如何随着时间推移而发展的（按五个阶段：科技诞生的促动期，过高期望的峰值期，泡沫化的底谷期，稳步爬升的光明期和实质生产的高峰期），也提供了一种管理技术布置的方法。

2 深度学习的历史

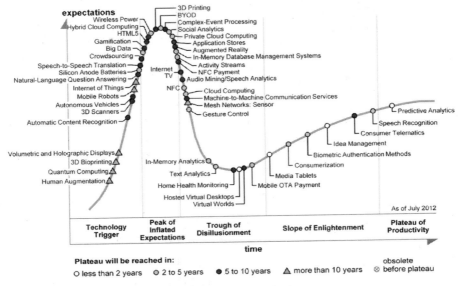

图 2.1　Gartner 技术成熟度曲线展示了一项技术的五个阶段

图中词语翻译对照表

Technology Trigger	科技诞生的促动期
Peak of Inflated Expectations	过高期望的峰值期
Trough of Disillusionment	泡沫化的底谷期
Slope of Enlightenment	稳步爬升的光明期
Plateau of Productivity	实质生产的高峰期
Plateau will be reached in	到达稳定期所需时间
Less than 2 years	少于两年
2 to 5 years	2～5 年
5 to 10 years	5～10 年
obsolete before plateau	到达稳定期前放弃
Human Augmentation	人工机能增进
Quantum Computing	量子计算
3D Bioprinting	3D 生物打印
Volumetric and Holographic Displays	立体和全息显示
Automatic Content Recognition	自动内容识别
3D Scanners	3D 扫描
Autonomous Vehicles	自动驾驶
Mobile Robots	移动式机器人
Internet of Things	物联网
Natural-language Question Answering	自然语言问答

(续)

英文	中文
Silicon Anode Batteries	硅阳极电池
Speech-to-Speech Translation	语音到语音的翻译
Crowdsourcing	众包模式
Big Data	大数据
Gamification	游戏化模式
HTML5	超文本标记语言5
Hybrid Cloud Computing	混合式云计算
Wireless Power	无线网
3D Printing	3D 打印
BYOD	自带设备
Complex-Event Processing	复杂事件处理
Social Analytics	社交分析
Private Cloud Computing	私有云计算
Application Stores	应用存储
Augmented Reality	增强实境技术
In-memory Database Management Systems	内存数据库管理系统
Activity Streams	活动信息流
NFC Payment	近场无线支付技术
Internet TV	网络电视
Audio Mining/Speech Analytics	声频挖掘/语音分析
NFC	近场通信技术
Cloud Computing	云计算
Machine-to-Machine Communication Services	机器间交流服务
Mesh Networks: Sensor	网状网络传感器
Gesture Control	手势控制
In-Memory Analytics	内存中分析
Text Analytics	文本分析
Home Health Monitoring	家庭健康监视
Hosted Virtual Desktops	虚拟桌面
Virtual Worlds	虚拟世界
Mobile OTA Payment	无线移动支付
Media Tablets	媒体平板电脑
Consumerization	消费端化
Biometric Authentication Methods	生物特征识别方法
Idea Management	创意管理
Consumer Telematics	消费者远程信息处理
Speech Recognition	语音识别
Predictive Analytics	预测分析
expectations	期望

我们创建图 2.2 来将神经网络的不同阶段与成熟度曲线的不同阶段对应起来。巅峰期（纵轴上的"期望值"）出现在 20 世纪 80 年代末和 90 年代初，此时被称为神经网络的第二代。DBN 和用于训练的快速算法是在 2006 发明的[163,164]。当 DBN 被用在初始化 DNN 的时候，学习算法的效率就变得更高，这促进了学术界持续快速地产生研究成果（"光明"阶段，见图 2.2）。DBN 和 DNN 的产业级语音特征提取和识别应用出现在 2009 年，当时产业界、学术界以及深度学习的研究专家有着密切的合作[89,161]，这种合作使得用深度学习方法进行语音识别的工作得到快速扩张，并取得越来越大的成功[94,161,323,414]，这在本书后面的内容中将有所提及。"实质生产的高峰期"阶段的高度还没有达到，预计将高于常规曲线（图 2.2 中标有问号的圆圈），在图中用直线上升的虚线标记。

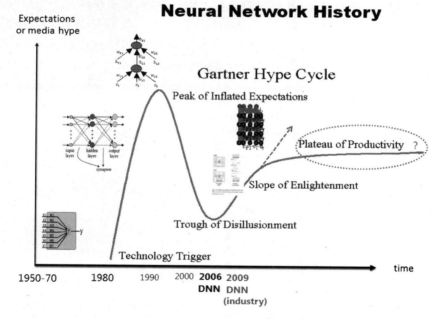

图 2.2 将 Gartner 的成熟度曲线应用于分析人工神经网络的发展

图中词语翻译对照表

Neural Network History	神经网络历史
Expectations or media hype	期望或媒体宣传
Gartner Hype Cycle	高德纳的技术成熟度曲线
Input layer	输入层
Hidden layer	隐层
Output layer	输出层

Synapses	突触
Technology Trigger	科技诞生的促动期
Trough of Disillusionment	泡沫化的底谷期
Peak of Inflated Expectations	过高期望的峰值期
Slope of Enlightenment	稳步爬升的光明期
Plateau of Productivity	实质生产的高峰期
DNN	深度神经网络
DNN（industry）	深度神经网络（产业级）
time	时间

图 2.3 中所示的是语音识别的历史，由 NIST 编制，针对一些越来越具有挑战性的语音识别任务，把词错误率（WER）作为一个时间函数来绘制图表。需要注意的是，所有的 WER 结果都是用 GMM-HMM 技术获得的。当从图 2.3 中选取了一个极具挑战性的任务（Switchboard）后，我们看到了这样的结果：一条在使用 GMM-HMM 技术多年中一直保持平坦的曲线在使用了 DNN 技术后，WER 急剧下降（见图 2.4 中星标记）。

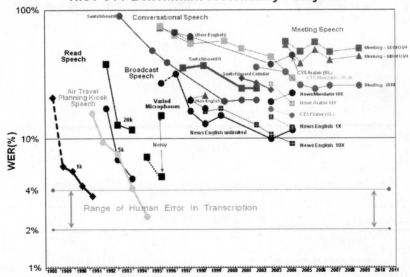

图 2.3 著名的 NIST 图
（显示了针对一些越来越具有挑战性的语音识别任务，用 GMM-HMM 方法得到的语音识别错误率的发展历史）

2 深度学习的历史

图中词语翻译对照表

The History of Automatic Speech Recognition Evaluations at NIST	美国国家标准与技术研究院发布的自动语音识别评测历史
NIST STT Benchmark Test History-May.'09	美国国家标准与技术研究院发布的语音到文字转换技术基准测试历史，2009年5月
Read Speech	朗读语音
Air Travel Planning Kiosk Speech	航空旅行计划咨询语音
Broadcast Speech	广播语音
Conversation Speech	会话语音
Non-English	非英语
Varied Microphones	各式麦克风
News English Unlimited	无约束的英语新闻
Meeting Speech	会议语音
Range of Human Error in Transcription	人工转录错误区间

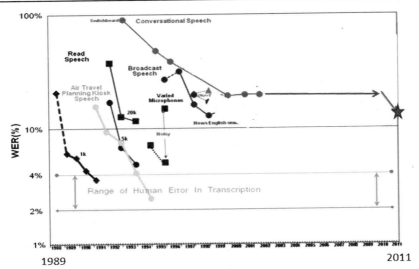

图 2.4　从图 2.3 的一个任务中提取 WER，并添加了由 DNN 技术获得的显著降低的 WER（用星标记）

图中词语翻译对照表

Read Speech	朗读语音
Air Travel Planning Kiosk Speech	航空旅行计划咨询语音
Broadcast Speech	广播语音
Conversation Speech	会话语音
Non-English	非英语
Varied Microphones	各式麦克风
News English Unlimited	无约束的英语新闻
Meeting Speech	会议语音
Range of Human Error in Transcription	人工转录错误区间

下一章中，我们将首先对深度学习的各种体系结构进行概述，随后就一些学者们广泛研究的结构和方法进行更详细的论述，也会讨论一些在信号与信息处理中的应用，包括语音和音频、自然语言、信息检索、视觉和多模式处理。

3

三类深度学习网络

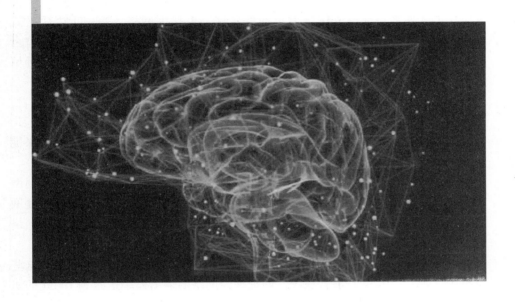

3.1 三元分类方式

如前所述，深度学习指的是一类广泛的机器学习技术和架构，其特点是采用多层的非线性信息处理方法，这种方法在本质上是分层的。根据这些结构和技术不同的应用领域，如合成/生成或识别/分类，我们可以大致把这些结构分为三类：

（1）无监督或生成式学习的深度网络　针对模式分析和合成任务，用于在没有目标类标签信息的情况下捕捉观测到的或可见数据的高阶相关性。各种文献中的无监督特征或表达学习指的就是这一类深度网络。当用于生成模式时，它也可以用来描述可见数据和其相关分类的联合概率分布，此时它具有可利用的类别标签，而且这些类别标签被看作是可见数据的一部分。在后一种情况中，利用贝叶斯准则可以把生成式学习网络转换为判别式学习网络。

（2）有监督学习的深度网络　直接提供用于模式分类目的的判别能力，它的特点是描述了可见数据条件下的类别后验分布。对于这种有监督的学习，目标类别标签总是以直接或间接形式给出，所以它们也被称作判别式深度网络。

（3）混合深度网络　目标是判别式模型，往往以生成式或无监督深度网络的结果作为重要辅助，可以通过更好地优化和正则化类别（2）中的深度网络来实现，也可以通过在对类别（1）中所述的深度生成式或无监督深度网络的参数进行估计时，使用判别式准则来实现。

注意上述（3）中的"混合"一词和有些文献中的用法会有不同。在这些文献中"混合"指的是混合系统，即把神经网络的输出概率送入到HMM的语音识别系统中[17,25,42,261]。

按照通常采用的机器学习惯例（例如，文献［264］中第28章和文献［95］），自然地把深度学习技术分为深度判别式模型（例如，深度神经网络DNN、递归神经网络RNN、卷积神经网络CNN等）和生成式/无监督模型（例如，受限玻尔兹曼机RBM、深度置信网络DBN、深度玻尔兹曼机DBM、正则化的自编码器等），然而这种二元分类方法忽略了通过深度学习研究所获得的重要观点，即生成式和无监督学习模型如何通过更好地进行正则化与优化，来大幅提高DNN和其他深度判别式和监督学习模型的训练效果。同时，无监督学习的深度网络并不一定必须是概率模型，也不一定能从模型（例如，传统的自编码器、稀疏编码网络等）中得到有意义的采样。我们注意到最近的研究对传统的除噪自编码器进行了扩展，使得它们可以高效地采样，从而成为生成式模型[5,24,30]。然而，传统的二元分类的确指出了无监督和有监督学习深度神经网络的一些关键差异。对这两类模型进行比较可以发现，深度有监督的学习模型（如 DNN）的训练和测试通常更高效，构建更灵活，也更适合于复杂系统的端到端学习（例如，非近似推断（no approximate inference）和环路信念传播（loopy belief propagation））。另一方面，深度无监督学习模型，尤其是概率生成模型，更容易理解，更容易嵌入领域知识，更容易组合，更容易对不确定性进行处理，但对于复杂系统，它们通常在推断和学习上很难处理。我们提出的三元分类也仍然包含以上区别，因此三元分类贯穿全书。

下面我们回顾上述三个类别中具有代表性的工作，表 3.1 中总结了几个基本的定义，这些深度结构的应用将在第 7～11 章进行介绍，包括有监督、无监督和混合学习。

表 3.1 深度学习基本术语

深度学习（Deep Learning）：机器学习的一类技术，它通过分层结构的分阶段信息处理来探索无监督的特征学习和模式分析、分类。深度学习的本质是计算观测数据的分层特征或表示，其中高层特征或因子由低层得到。深度学习方法发展迅速，其中包括神经网络、层次概率模型和一系列有监督和无监督特征学习算法。
深度置信网络（Deep Belief Network，DBN）：由多层随机隐变量组成的概率生成式模型，最高的两层之间由无向对称边连接，低层接受来自上一层的自顶向下的有向边。
玻尔兹曼机（Boltzmann Machine，BM）：具有对称型连接的网络，它由与神经元相似的单元构成，能够控制随机决策开关的闭合。
受限玻尔兹曼机（Restricted Boltzmann Machine，RBM）：一种特殊的 BM，它由一个可见单元层和一个隐单元层组成，而且每条边必须连接一个可见单元和一个隐单元，同层单元间无连接。
深度神经网络（Deep Neural Network，DNN）：一种具有多个隐层的多层感知器，其权值是全部连接的，并且经常以无监督或有监督的方式初始化。（在 2012 年之前的文献中，DBN 常被误用来指 DNN。）
深度自编码器（Deep Autoencoder）：一种"判别式"DNN，它的目标输出是输入数据本身，而不是类别标签，因此它是无监督学习模型。当以除噪准则（denoising criterion）训练深度自编码器时，它也可以看作是一个生成模型并能从中采样。
分布式表征（Distributed Representation）：观测数据的内部表达，以众多隐因子之间的相互作用来建模。从其他因子结构学习到的某个因子可以很好地推广到新的结构。分布式表征经常出现在"连接"（connectionist）神经网络中，其中，一个概念（concept）由许多单元（unit）的行为模式表示，同时，同一个单元通常对许多概念都有贡献。这种多对多的映射具有一个重要的优点：它们提供了数据内部结构表达的鲁棒性。另一个重要的优点是，它们促进了概念和关系的泛化，从而具有推理能力。

3.2 无监督和生成式学习深度网络

无监督学习是指在学习过程中不使用特定任务的监督信息（如目标类别

标签）。这一类深度网络大多可以通过从网络中采样来有效生成样本，因此是生成式模型，例如 RBM、DBN、DBM 和广义除噪自编码器（generalized denoising autoencoders）[23]。然而这一类别中的某些网络采样并不容易，因而本质上并不是生成式的，例如稀疏编码网络（sparse coding networks）和原始形式的深度自编码器（deep autoencoders）。

在生成式或无监督深度网络的各个子类中，基于能量的深度模型是最常见的[20,28,213,268]，我们将会在第 4 章对具有原始形式的深度自编码器进行更详细地讲解[28,100,164]，它们是这种无监督模型的典型例子。大多数其他形式的深度自编码器本质上也是无监督的，但其特性和实现却完全不同，例如转换自编码器（transforming autoencoders）[160]、预测稀疏编码器（predictive sparse coders）及其堆叠形式、除噪自编码器（de-noising autoencoders）及其堆叠形式[376]。

具体地说，在除噪自编码器中，输入向量首先被"破坏"，例如，随机选择一定比例的输入并把它们设为零或加入高斯噪声，然后调整参数，使隐层编码结点重构出原始的、未损坏的输入数据，调整参数所使用的准则包括原始输入与重建输入的最小均方误差和 KL 散度准则。将未损坏数据进行转换，获得编码表示，并将其作为下一层堆叠自编码器的输入。

另一类有生成能力的深度无监督模型是深度玻尔兹曼机（DBM）[131,315,316,348]。DBM 包含很多隐变量层，并且同一层变量之间没有连接。这是玻尔兹曼机（BM）中的一个特例，一般玻尔兹曼机是一种使用随机机制控制节点开关的对称网络，虽然有简单的学习算法，但研究起来仍然很复杂，训练起来很慢。在 DBM 中，每一层会捕捉与下面一层隐特征激励之间的复杂且高阶的相关性。DBM 具有学习复杂的内部表达的潜力，非常适合解决目标识别和语音识别问题。此外，对于特定任务，可以由大量的未标注的感知输入建立高层次的表示，然后可以用非常有限的标注数据对模型进行微调。

当 DBM 的隐层数为 1 时，我们得到受限玻尔兹曼机（RBM）。与 DBM 一样，RBM 中没有隐层到隐层和显层到显层的连接。RBM 的主要优点是，通过组合许多 RBM，把上一层 RBM 的特征激励作为下一层的训练数据，可以高效地对隐层进行学习。这样的组合就引出了深度置信网络（Deep Belief Network，DBN），我们会在第 5 章中详细讲解 DBN 和 RBM。

标准的 DBN 在底层被扩展成为因子化高阶玻尔兹曼机（Factored Higher-order Boltzmann Machine），在音素识别[64]和计算机视觉[296]中得到了较好的结果，这个称为均值-协方差受限玻尔兹曼机（mcRBM）的模型，其改进了标准 RBM 表示数据协方差结构的能力。然而，mcRBM 很难训练，并且很难在深层结构的较高层中使用 mcRBM，文献中已发表的较好的结果不易重现。区分性信息常用于对较高层的 RBM 进行微调，然而在 Dahl 等人[64]描述的结构中，由于计算代价较高，所以在完全深度置信网络的 mcRBM 的参数微调过程中没有利用区分性信息。随后的工作表明，如果使用说话人适应过的特征，即一种去除了特征中变化的特征，会使得 mcRBM 没有效果[259]。

另一种有代表性的可以用来进行无监督（和有监督）学习的深度生成式网络是和积网络（Sum-product Network，SPN）[125,289]。SPN 是有向无环图，它将观测变量作为叶子节点，将"和"与"积"操作作为深度网络的内部节点。"和"节点提供混合模型，"积"节点建立特征层次。"完整性"和"一致性"以一种很好的方式约束了 SPN，利用 EM 算法和反向传播算法进行 SPN 的学习，学习过程从密集型 SPN 开始。然后，通过学习其权值来找到 SPN 结构，权值为 0 时表示删除连接。进行 SPN 学习的主要困难是，学习信号（如梯度）在向深层传递时会迅速被稀释。经验上解决该问题的方案是存在的，参见文献[289]。该篇早期的论文指出，尽管 SPN 有令人满意的生成式特性，但是很难利用区分性信息调整参数，这限制了它在分类任务上的有效应用。然而，随后的工作克服了这一困难，文献[125]为训练 SPN 设计了一种高效的反向传播式的区分性训练算法。重要的是，基于条件概率导数的标准梯度下降算法也存在和常规 DNN 训练时同样的梯度扩散问题。在学习 SPN 参数的过程中缓解这个问题的技巧是，将边缘推断替换成最可能的隐变量状态，并只通过"硬"对齐方式进行梯度传播。Gens 和 Domingo 在文献[125]报告了他们在小尺度图像识别任务上的优异成绩。

递归神经网络（Recurrent Neural Networks，RNN）可以认为是另一类用于无监督（和有监督）学习的深度网络，它的深度甚至可以达到和输入数据序列的长度一样。在无监督学习模式下，RNN 被用来根据先前的数据样本预测未来的数据序列，并且学习过程中没有用到类别信息。RNN 非常适合序列数据（例如，语音和文本）建模，但最近才得以广泛使用，部分原因是由于梯度弥散或梯度爆炸问题，它们很难训练来捕捉长时相关性（最早可参见 20 世纪 90 年代的论文[29,167]）。现在可以相对容易地处理这些问题[24,48,85,280]。最近在 Hessian-free 优化[238]研究方面的进展，在一定程度上解决了这个问题，该方法使用了近似二阶信息或随机曲率估计。在近期的研究工作中[239]，以 Hessian-free 优化方法训练的 RNN 作为生成式深度网络，被用在了字级语言建模任务中，该任务引入门控连接，以允许当前输入字符预测从一个隐状态向量到下一个的转移。已证明，这样的生成式 RNN 模型能够很好地产生连续的文本字符。Bengio 等人[22]和 Sutskever[356]探索了不同的用于训练生成式 RNN 的随机梯度下降优化算法，并证明了这些算法可以超越 Hessian-free 优化方法。Milotov 等人[248]对 RNN 在语言建模上的优异结果进行了报告。最近，Mesnil 等人[242]和 Yao 等人[403]报告了 RNN 在口语理解上取得的成功。我们将在第 8 章回顾这些工作。

在语音识别研究中，探索利用人类发音机制来构建动态和深度结构的概率生成模型的工作已经有很长的历史了，参考文献［76］可以获得全面了解。具体而言，早期工作[71,72,83,84,99,274]通过引入 HMM 参数上多项式轨迹形式的动态约束，推广并扩展了传统的浅层、条件独立的 HMM 结构。最近出现了此方法的一个变种，其时变 HMM（time-varying HMM）参数的学习采用了不同的学习技术，这个方法被应用到了提高语音识别的鲁棒性上[431,416]。类似的轨迹 HMM（trajectory HMM）也构成了参数化语音合成的基础[228,326,439,438]。随后，人们在动态模型中增加了一个新的隐层，明确地考虑了人类语音产生过程中以目标为导向的发音特性[45,73,74,83,96,75,90,231,232,233,251,282]。在最近的研究中[76,107,105]，对于这种具有隐层动态性的深度结构，更有效的实现方式是通过非递归的或有限冲击响应滤波器（Finite Impulse Response，FIR）来实现的。上述深层结构的语音生成模型可以被看作更一般化的动态网络的特殊实例或更一般化的动态图模型[35,34]。图模型通过许多隐层来描述语音生成中变量之间的复杂关系，由于配备了强大的图建模工具，语音深度结构最近已被成功地应用于解决非常棘手的单通道、多说话人语音识别问题中，其中多人混合语音是可见变量，非混合语音由深度生成结构中的一个新的隐层表示[301,391]。深度生成图模型在许多应用中的确是非常有效的工具，因为它们具有嵌入领域知识的能力。然而，它们却往往被用于不恰当的近似推理、学习、预测和拓扑结构设计中，这些都源于大多数实际任务中固有的难解性。这个问题已经在 Stoyanov 等人最近的工作［352］中有所涉及，它指出了深度生成式图模型在今后实际应用中更有用和有趣的一个方向。Bengio 等人最近提出了解决这个棘手问题的更激进的方法[30]，该方法完全避免了边缘化隐变量的要求。

用于大规模语音识别和理解的标准统计方法将用于语音声学建模的（浅层）隐马尔可夫模型和表示不同层级的自然语言高层结构相结合。这种结合的层次模型在一定程度上可以视为深度生成结构，它的动机和一些技术细节参见最近一本书［200］中第 7 章"层级 HMM"或 HHMM 的介绍。包括 HHMM 和层级 HMM（Layered HMM）的一些相关模型参见文献［116］和［271］，这些文献中有更深入的技术介绍和数学推导。把这些早期深度模型作为有向图模型来表述，忽略了最近深度生成式网络中体现的"分布式表示"的这一重要方面，这些深度生成式网络包括本章前面讨论的 DBN 和 DBM。对这一方面进行补充将有助于改进这些生成式模型。

最后，基于神经网络架构的动态或时间递归生成式模型被用于人体运动建模[361]、自然语言和自然景物分析[344,339]。有趣的是，在后一个模型中，学习算法能够自动确定最优的模型结构，而其他深度模型如 DBN 只有预先定义了模型结构，才能进行参数的学习。值得注意的是，可以使用最大间隔（max margin）结构预测框架来探寻自然场景图像和自然语言语句中的递归结构。结果表明，这个方法能识别出来包含在图片和句子中的单元以及这些单元间相互结合所形成的整体。

3.3　监督学习深度网络

在语音以及信号处理领域中，用于有监督学习的很多判别技术都是浅层结构，比如 HMM[52,127,147,186,188,290,394,418] 以及条件随机场（CRF）[151,155,281,400,429,446]。条件随机场在输入特征和转移特征之间建立了线性联系，其本质上是一种浅层模型。在将条件随机场和经过区分性训练的高斯模型以及隐马尔可夫模型之间建立等价关系后，其浅层性质就变得显而易见了[148]。近来，深度结构的条件随机场将其上一层的输出及原始输入数据作为下一层的输入[428]。各种各样的深度结构条件随机场（deep-structured CRF）已经成功地被用于音素识别[410]、说话人辨识[428]以及自然语言处理中[428]。然而，至少在音素识别任务中，采用纯判别（非生成）模型的深度条件随机场的表现还没有包含深度置信网络（DBN）的混合方法好，我们在下面的章节中将提到 DBN。

Morgan 在文献［261］中对其他主要用于语音识别的判别模型给出了很精彩的综述，这些模型主要基于传统的神经网络或者是采用由随机初始化的反向传播学习得到的 MLP 结构。这篇文献探讨了增加每层神经网络的宽度以及增加神经网络结构整体深度的重要性。应特别指出的是，有一类深度神经网络模型被看作目前应用广泛的"串联"法（tandem）[262]的基础，同时判别式神经网络的输出被当作 HMM 中的观测变量。这一方面有代表性的工作可以参考文献［193，283］。

最近的文献［106，110，218，366，377］提出了一种新的深度学习结构，有时称为深度堆叠网络（Deep Stacking Network，DSN），及其张量[180,181]与核[102]两个变种版本。它们依赖于少到几乎没有的生成元素，就可以进行可扩展、并行的和逐块的学习，从而完成判别工作。我们将在第 6 章中详细讨论这种用来判别的深度结构。

如前所述，RNN 已经作为一种生成模型来使用，和神经预测模型[87]一样，它拥有一个相似的生成机制。RNN 也可以当作判别式模型来使用，此时的输出是一组和输入数据序列相关联的标签序列。要指出的是，这样的判别式 RNN 或序列模型很早以前已经应用到语音中，但效果有限。在文献［17］，使用判别式概率准则将 HMM 和神经网络一起来训练。在文献［304］中，一个单独的 HMM 在训练中用来对序列进行分段，同时该 HMM 也被用于将 RNN 分类结果转化成标签序列。然而，当 HMM 用于这种目的时，并不会体现出 RNN 全部的优势。

最近提出来的一系列新的模型和方法[133,134,135,136]，通过把长短时记忆（Long-Short-Term Memory）嵌入到模型中以使 RNN 本身能用于序列分类，无须对训练数据预分段以及对输出数据后处理。隐藏在这种方法背后的观点是，RNN 的输出是在给出输入序列的情况下所有可能的标签序列的条件分布。那么，通过一个可微的目标函数能够最优化标签序列的条件分布，在这里，算法能自动进行数据分段。这种方法的有效性已经在手写体识别以及小型语音任务中[135,136]得到了验证，这部分将会在本书第 7 章得到更加详细的讨论。

卷积神经网络（Convolutional Neural Network，CNN）是另一种类型的判别式深度结构，它的每个模块都是由卷积层（convolutional layer）和池化层（pooling layer）组成。这些模块通常是逐个叠加的，或在上面放一个深度神经网络，以形成深度模型[212]。卷积层共享许多权值，池化层对卷积层的输出进行降采样，减少了下面一层的数据率。卷积层中的权值共享和适当的池化策略，使 CNN 具有一些"不变（invariance）"特性（如平移不变性）。有些文献指出，这种有限的不变性或等方差性（equi-variance）对于复杂的模式识别任务而言并不能完全胜任，所以需要提出一些用于处理更广范围不变性的有效方法[160]。虽然如此，人们发现 CNN 在计算机视觉或者图像识别任务中非常有效[54,55,56,57,69,198,209,212,434]。最近，将用于图像分析的 CNN 进行合理改造，同时考虑到语音的特点，CNN 在语音识别方面也产生了效果[1,2,3,81,94,312]。我们将在本书第 7 章中详细讨论这些应用。

需要指出的是，语音识别早期发展起来的延时神经网络（TDNN）[202,382]可以看成是 CNN 的一种特殊情况或其前身，即共享权值被限制在单一的时间维度上，且没有池化层。直到最近，研究人员才发现，在语音识别领域中，时间维度上的不变性并没有频率维度上那么重要[1,3,81]。关于对其内在原因的详细分析在文献［81］中有所描述。同时该文献提出了一种新的设计 CNN 池化层的策略，在音素识别任务上比以前所有的 CNN 效果要好。

要指出的是，层级时间记忆模型（Hierarchical Temporal Memory，HTM）是另一种 CNN 的变体和扩展[126,143,142]。拓展包含下面的几个方面：(1) 引入时间或者是暂存维度（temporal dimension）来作为判别时的"监督"信息；(2) 自底向上和自顶向下这两种信息流都被使用，代替了 CNN 中仅有的自底向上的数据流；(3) 一种贝叶斯概率形式用于融合信息以及进行决策。

最后需要指出的是，文献［214］提出的自底向上、基于检测（detection-based）的语音识别学习结构，以及自 2004 年由它发展而来的各种结构，特别是文献［330，332，427］中使用的 DBN-DNN 技术，也可以归并为判别式或有监督的深度结构。在这个结构中，没有什么目的和机制来描述数据和语音属性的识别目标（包括更高级别上的音素和单词）的联合分布概率。当前最流行的实现方法是基于 DNN 的，或者说是使用反向传播算法进行学习的多层神经网络。在基于检测的框架中，一种中间神经网络层明确地表示了语音的属性，这是对以前语音"原子"单元实体的简化[101,355]。这种方法的优点在于，移除了语音属性或者发音特征（articulatory-like features）的瞬时重叠。我们期望在未来工作中加入更加实际的特性，将有助于进一步改进语音识别的准确率。

3.4 混合深度网络

第三个类别中的术语"混合"指的是同时包含或利用生成式和判别式两种模型的深度结构。在目前发表文献的混合结构中，生成部分主要用来帮助判别，因为判别是混合结构的最终目标。关于生成式建模可以帮助判别的方式和原因，可以用以下两种观点来说明[114]：

（1）最优化的观点 在高度非线性的参数估计问题中，以无监督方式训练的生成式模型可以提供良好的初始点（在深度学习中，常用术语"预训练"的引入就是因为这个原因）。

（2）正则化的观点 无监督学习模型能高效地提供由模型表达的一系列函数的先验。

研究报告［114］提供了精辟的分析和实验证据来支持上述两个观点。

在 3.2 节中讨论过的无监督生成式深度网络 DBN，可以转换并作为有相同网络结构的有监督学习 DNN 的初始模型，并使用提供的目标标签做判别式训练或微调。当以这种方式使用 DBN 时，我们认为 DBN-DNN 模型是一种混合深度模型，这里使用无监督数据训练的模型有助于使判别式模型更高效地进行有监督训练。我们将在第 5 章 RBM/DBN 的生成式无监督预训练的部分回顾判别式 DNN 有监督训练的细节。

另一个混合深度网络的例子见文献［260］，其中 DNN 的权值最初来源于一个生成式 DBN，进一步以序列级别判别式准则进行微调，这个准则是以给定输入特征序列所对应的标签序列的条件概率，而不是通常使用的帧级别的交叉熵准则。这可以被视为静态 DNN 和浅层判别式 CRF 结构的组合。可以证明，这种 DNN-CRF 结构等价于 DNN 和 HMM 的混合深度结构，该结构的参数学习过程是对整个标签和输入特征的全部序列使用最大互信息准则（MMI）学习完成的。一种与其密切相关并着眼于更大任务的全序列训练方法在浅层神经网络[194]和深层网络[195,353,374]上均获得了成功。我们注意到，联合训练序列模型（例如 HMM）和神经网络这一想法来自于文献［17，25］的早期工作，其中的浅层神经网络训练数据量小，而且没有生成式预训练。

在这里，我们应当关注，混合深度网络的预训练/微调策略和 HMM 中非常流行的最小音素误差（MPE）训练技术之间的联系（综述参见文献［147，290］）。为了有效进行 MPE 训练，参数需要使用一个算法来初始化（如 Baum-Welch 算法），这个算法对某个生成准则（如最大似然）进行最优化。这种方法采用最大似然训练的参数来协助判别式 HMM 的训练，所以可将其视为训练浅层 HMM 模型的"混合"方法。

沿着使用判别式准则去训练生成式模型参数的主线，如上述 HMM 训练的例子，我们在这里讨论把相同的方法应用到其他混合深度网络学习的问题上。在文献［203］中，生成式模型 RBM 使用类标签后验概率的判别式准则进行学习。这里的标签向量和输入数据向量拼接构成 RBM 的组合可见层（combined visible layer）。这样，RBM 作为独立的解决分类问题的方法，得到了浅层生成式模型 RBM 的判别式学习算法。在 Ranzato 等人[298]的工作中，训练将有门限马尔可夫随机场（gated MRF）作为最底层的生成式 DBN 模型提取特征，然后用于含遮挡的图像类别识别这一具有挑战性的任务。文献［298］证明，DBN 的生成能力能帮助发现深度模型的每层表达中哪些信息被捕捉了，哪些被丢弃了。文献［352］使用基于经验风险的判别式准则来训练深度图模型。

混合深度网络的另一个例子是利用生成式 DBN 去预训练深度卷积神经网络（deep Convolutional Neural Networks，deep CNNs）[215,216,217]。与前面讨论的全连接的 DNN 类似，预训练相比于随机初始化可以提高深度 CNN 的训练性能。使用一系列的正则化的深度自编码器[24]预训练的 DNN 和 CNN，也是混合深度神经网络类别的一个例子，这些深度自编码器包括除噪自编码器（denoising autoencoders）、收缩自编码器（contractive autoencoders）和稀疏自编码器（sparse autoencoders）。

这里给出的混合深度网络的最后一个例子基于文献［144，267］中的思想和工作，其中判别任务（如语音识别）生成的输出（文本）作为第二个判别任务的输入（如机器翻译）。整个系统提供语音翻译功能，把一种语言的语音转换为另一种语言的文字，是一个由生成式和判别式成分构成的两级深度结构。语音识别模型（如 HMM）和机器翻译模型（如短语映射和非单调对齐）本质上是生成式的，但学习它们的参数是为了判别任务，即给定语音数据来确定最终的翻译文本。文献［144］中描述的框架使得在整个深度结构上，端到端的性能得到优化，其采用的统一学习框架最早在文献［147］中提出。这种混合深度学习方法不仅可以应用到语音翻译，而且可以应用到所有以语音为中心的任务和其他的信息处理任务中，如语音信息检索、语音理解、跨语言的语音/文本的理解和检索等（参见文献 [88, 94, 145, 146, 366, 398]）。

在接下来的三章中，我们将阐述深度学习模型中三个重要的类型。为了便于教学，所选择的这些内容在结构和数学描述上都比较简洁，因此接下来的三章中所描述的三种结构可能并不是这三类中最有代表性和最具影响力的工作。

4

深度自编码器——一种无监督学习方法

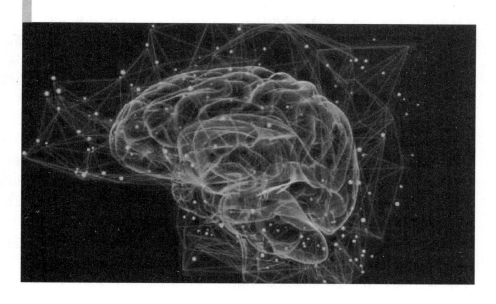

本章和接下来的两章将分别介绍第 3 章所讲的三类深度网络结构，分别以一种典型的深度网络为例。本章我们主要以无监督学习深度模型为例。

4.1 引言

深度自编码器是一类特殊的无分类标签的深度神经网络。其输出向量与输入向量同维，常按照输入向量的某种形式，通过隐层学习一个数据的表示或对原始数据进行有效编码。值得注意的是，这种自编码器是一种不利用类标签的非线性特征提取方法。就方法本身而言，这种特征提取的目的在于保留和获得更好的信息表示，而不是执行分类任务，尽管有时这两个目标是相关的。

一个典型的自编码器拥有一个表示原始数据或者输入特征向量（如图像中的像素或者语音中的频谱）的输入层；一个或者多个表示特征转换的隐层；一个跟输入层匹配、用于信息重构的输出层。当隐层数目大于 1 时，这个自编码器就被视为深层结构。隐层的维度可以小于（当目标是特征压缩）或者大于（当目标是映射特征匹配更高维的空间）输入层的维度。

一个自编码器通常利用反向传播算法的诸多变种之一来训练，其中一种典型的方法是随机梯度下降法。虽然利用反向传播算法训练通常是非常有效的，但将其应用于许多隐层的网络训练时依旧存在一些问题。反向传播通过最初的几层后，误差变得极小，训练也随之变得无效。尽管更多先进的反向传播方法在一定程度上缓解了这一问题，但依然无法解决学习速度缓慢的问题。当训练数据量有限时，该问题尤为明显。正如前面章节提到的，这个问题可以通过把每一层当作一个简单的自解码器来进行预训练，从而得到一定的缓解[28,163]。这种策略已经应用于深度自编码器的构建，该自编码器将图像映射为短的二进制码，从而可以进行快速文件编码（称为语义哈希），以完成基于内容的图像检索；或者以此策略构建自编码器，对语谱类的语音特征进行编码，对此我们将在下面进行介绍。

4.2 利用深度自编码器来提取语音特征

下面我们将对一系列工作进行回顾。一些发表于文献［100］中的工作利用无监督的方法（例如，没有语音分类标签）设计一个自编码器，用于从原始语音的语谱图数据中提取二进制的语音编码，这种依据该模型提取的二进制编码而得到的离散表示可以用于语音信息检索或者作为瓶颈特征（bottleneck features）用于语音识别。

图 4.1 描绘的是文献［100］中的深度自编码器框架，从高分辨率语谱图

中提取二值化语音编码。该图描述了一个深度生成模型,对包含 256 个频带和 1,3,9 或 13 帧数据的语谱图进行建模。该图建立了一个被称为高斯-伯努利受限玻尔兹曼机(Gaussian-Bernoulli RBM)的模型,该模型具有一个由线性变量组成并含高斯噪声的可见层和一个有 500~3000 个二值化隐变量的隐层。在训练完这个高斯-伯努利受限玻尔兹曼机后,将其隐层单元的激活概率作为输入数据来训练另一个伯努利-伯努利受限玻尔兹曼机(Bernoulli-Bernoulli RBM)。之后可以将这两个受限玻尔兹曼机组合成深度置信网络(DBN),通过单次前向传递很容易地从输入数据中推断出深度置信网络中第二层的节点状态,即第二层各个二值化隐单元的状态。图 4.1 中左侧的图描述了该工作中的 DBN,其中两个受限玻尔兹曼机分别在两个矩形框中展示(关于 RBM 和 DBN 更详细的讨论参见第 5 章)。

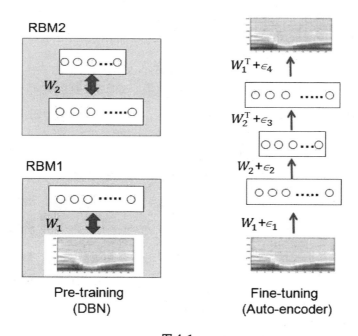

图 4.1

图中词语翻译对照表

RBM	受限玻尔兹曼机
Pre-training	预训练
DBN	深度置信网络
Fine-tuning	微调
Auto-encoder	自编码器

有三个隐层的深度自编码器可以通过"展开（unrolling）"DBN的权值矩阵来形成。这个深度自编码器下面的层利用矩阵对输入进行编码，而上面的层用矩阵对输入进行解码。之后，这个深度自编码器利用误差反向传播的方法来进行微调以最小化重构误差，该过程参见图 4.1 的右侧。当学习过程完成后，任何长度可变的语谱图可以按以下步骤进行编码和重构。首先，N 个来自对数能量谱的连续交叠帧（各帧含 256 个点），在按特征的每一维在所有样本上进行零均值单位方差归一化后，以提供给深度自编码器作为输入。然后，第一个隐层利用逻辑函数（logistic function）计算得到实值激励，这些实值激励被送入下一编码层来计算"编码"。在编码层，隐层单元的激励以 0.5 为阈值量化为 0 或 1，将这些二进制编码应用于重构原始语谱图，利用最前面的两层网络权值重构每个单独的固定帧语谱块。最后，对每个连续的 N 帧数据构成的窗，利用深度自编码器来产生输出，用信号处理中标准的叠加法（overlap-and-add）对输出数据进行处理，然后利用处理后的数据来重构整个语谱图。下面，我们以图示的方式来举例说明编码和重构。

图 4.2 自上而下依次为：原始的语谱图；分别用大小为 $N=1$, 3, 9 和 13 的输入窗且强制编码单元采用 0，1 两种数值（即二进制编码）而得到的各种重构结果图。

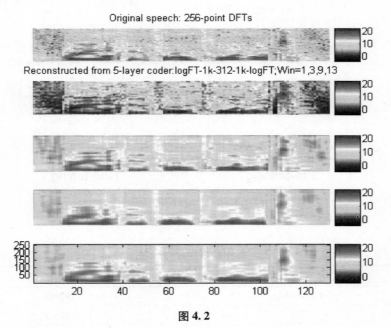

图 4.2

图中词语翻译对照表

Original speech: 256-point DFTs	原始语音：256 采样点的离散傅里叶变换
Reconstructed from 5-layer coder: logFT-1K-312-1k-logFT; Win = 1, 3, 9, 13	利用 5 层编码器进行重构，5 层编码器结构为：对数域傅里叶变换-1 千节点-312 节点-1 千节点-对数域傅里叶变换；窗长 = 1, 3, 9, 13

图 4.2 的顶部为原始的、未编码的语音；下面分别是含 312 个节点的瓶颈编码层（bottleneck code layer）对窗长为 $N = 1, 3, 9, 13$ 的情况进行二进制编码（0 和 1）后重构得到的语音句子。可以清楚地发现，$N = 9$ 和 $N = 13$ 这两种情况的重构误差很低。

我们可以将深度自编码器的编码误差与矢量量化（Vector Quantization, VQ）这种更传统的编码方式进行定性的比较。图 4.3 展示了不同方法的编码误差。最上面的是句子原始的语谱图。紧接着下面的两个语谱图，一个由 312 位矢量量化方法重构而来，相对模糊；另一个由 312 位深度自编码器重构而来，看起来相对可靠。按时间顺序描述的两种编码方法带来的编码误差的函数图像绘制在语谱图的下方。它证明了由自编码器重构的结果在整个语句上的错误率均低于矢量量化（VQ）重构而来的结果。最下面的两个图在时-频坐标下显示了详细的编码错误分布。

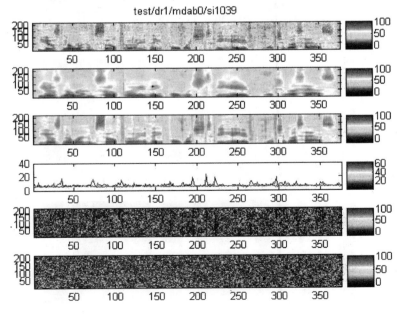

图 4.3

图 4.3 中自上而下依次为：来自测试集的一段语音的原始语谱图；由 312 位矢量量化方法重构的语谱图；由 312 位自编码器重构的语谱图；时域上矢量量化编码方法和自编码器编码方式的编码误差；矢量量化方法语谱图残差；深度自编码器方法语谱图残差。参考文献（[100]，@ Elsevier）

图 4.4 ~ 图 4.10 显示了其他的一些示例，对比了原始未编码的语音语谱和用深度自编码器重构的结果。它们展示了在给定不同的二进制编码位数的情况下，对语谱图中单独的一帧或连续的三帧数据进行编码的情况。

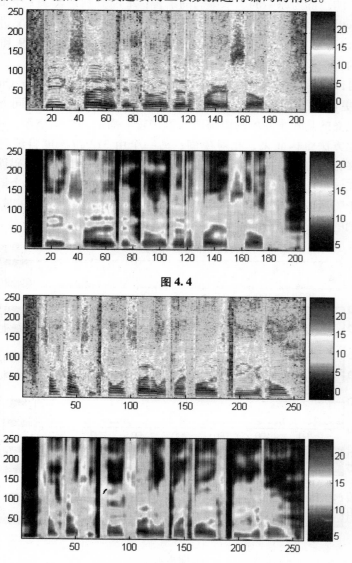

图 4.4

图 4.5

4 深度自编码器——一种无监督学习方法

图 4.4 为原始语音的语谱图和对应的重构结果。共采用 312 个二进制码对单独的每一帧编码。

图 4.5 与图 4.4 的方法相同，但语音来自 TIMIT 集合中的另一个语句。

图 4.6 为原始语音的语谱图和对应的重构结果。共采用 936 个二进制码对连续的三帧数据进行编码。

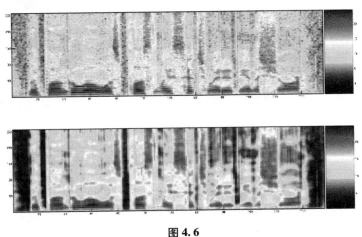

图 4.6

图 4.7 与图 4.6 的方法相同，但语音来自 TIMIT 集合中另一个语句。

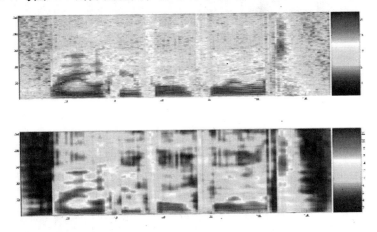

图 4.7

图 4.8 与图 4.6 的方法相同，但语音来自 TIMIT 集合中另一个不同语句（即不同于图 4.6 和图 4.7）。

图 4.9 为原始语音的语谱图和对应的重构结果。共采用 2000 个二进制码对单独的每一帧进行编码。

图 4.10 与图 4.9 的方法相同,但语音来自 TIMIT 集合中的另一个语句。

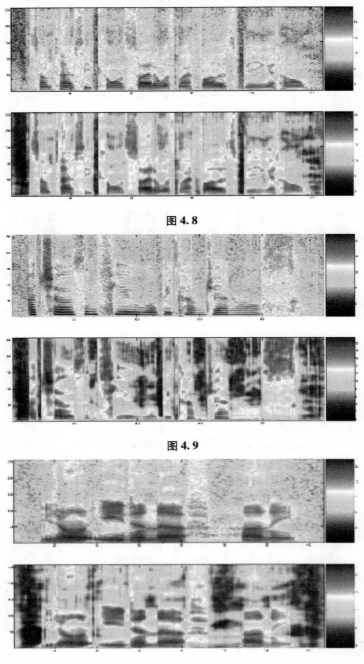

图 4.8

图 4.9

图 4.10

4.3 堆叠式去噪自编码器

在自编码器的早期研究中，编码层的维度要低于输入层。然而，在一些应用中，研究人员希望编码层的维度大于输入层。这些应用中需要利用一些技巧来防止神经网络学习到无关紧要的匹配函数。如果隐层或者编码层比输入层的维度更高，那么自动编码器就能够捕获更为丰富的输入分布。

通过稀疏性约束或者随机强制使某些值变为 0 的"dropout"方法来解决上面提到的学到无关紧要的匹配函数的问题。这种"dropout"方法带来的失真将会在输入数据[376,375]或者隐层[166]中引入。例如，在文献［376］中详细描述的堆叠式去噪自编码器中，随机噪声被添加到输入数据中。这样处理有几种目的。首先，将输出结果与原始不失真的输入数据进行强制匹配，可以避免学习到无关紧要的方案。其次，由于噪声是随机添加的，学习到的模型对于测试数据中同种类的失真会变得鲁棒。此外，每个失真的输入样本是不同的，极大地增加了训练集的大小，因此可以缓和过拟合的问题。

有趣的是，当编码和解码权值矩阵被强制设为互为转置（transpose）的情况时，这种含单个 S 型隐层的去噪自编码器严格等价于一个特别的高斯受限玻尔兹曼机（Gaussian RBM），但是需要利用一种分数匹配规则的方法训练，其中分数被定义为有关输入数据对数域密度的导数，代替利用对比散度（Contrastive Divergence，CD）或持续对比散度（persistent CD）训练[375]。此外，Alain 和 Bengio[5]利用二次方重构误差和高斯干扰噪声将这个结果泛化到了任意参数化的编、解码过程。他们表示当噪声总量接近 0 时，这样的模型可以正确估计生成数据的分布。最终，Bengio 等人在文献［30］中证明，在一些分布簇中，任意的去噪自编码器是一个稳定一致的估计器，可用于估计生成数据的分布。上面的结论对于任何参数化的自编码器、任何破坏信息加噪过程（这个过程除了限定噪声为正以外没有其他限定）的自编码器、任何以条件对数似然函数为重构损失的自编码器都是成立的。估计器的稳定一致性是通过将去噪自编码器和一个马尔可夫链连接来实现的，该马尔可夫链的平稳分布是通过模型估计而来的分布，并且这个马尔可夫链可以用于从去噪自编码器中采样。

4.4 转换自编码器

上面描述的深度自编码器，由于利用了许多非线性层的处理，所以可对特征向量提取可靠的编码。然而，用这种方式提取的编码是转换可变的（transformation-variant)。换句话说，当输入特征向量发生变换时，提取的编码就会按照学习器（learner）的选择而改变。有时，人们期望有一种可预见的编码转换来反映感知到的内容的转换不变性（transformation-invariant）。这就是文献[162]中提出用于图像识别的转换自编码器的目的。

一个完整的转换自编码器如同一个"胶囊（capsule）"，它是一个独立的子网络。这个子网络提取一个单一的参数化特征来表示一个单一的实体，如视频或音频。一个转换自编码器同时接收一个输入向量和一个目标输出向量，这个输出向量是由输入向量通过一个简单的全局转换机制转换而来的。例如，图像平移和语音的频率偏移（后者取决于声道长度的不同）。假设明确的全局转换表示是已知的，转换自编码器的编码层由几个"胶囊"的输出组成。

在训练阶段，为了最小化最终输出和目标，不同的"胶囊"用于学习提取不同的实体。

除了这里描述的深度自编码器结构，文献中还有许多不同类型的生成式结构，所有的这些结构都只利用数据本身（摆脱分类标签）自动地获得高级的特征。

5 预训练的深度神经网络——一种混合方法

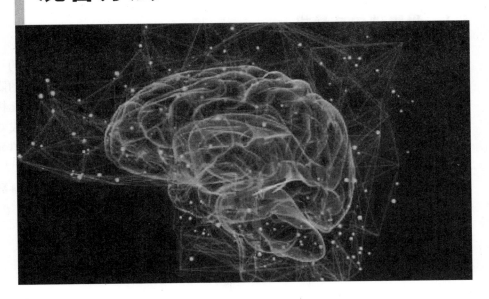

本章将介绍一种目前使用最广泛的混合深度结构——预训练的深度神经网络（Pre-trained Deep Neural Network），以及与 RBM 和 DBN 相关的技巧和构建过程。本章我们将 DNN 作为一种混合深度网络来讨论，而在第 6 章中，我们将其看成一种有监督学习的深度网络结构进行讨论。之所以这样安排，很大程度上是因为由无监督学习模型到混合 DNN 模型是非常容易理解的。在有监督学习中，人工神经网络（Artificial Neural Networks，ANN）的区分性已经为大家所熟知，因此使用无监督预训练来提高混合 DNN 的区分度也就不难理解了。

本章的部分观点是基于近期文献［68，161，412］的。

5.1 受限玻尔兹曼机

受限玻尔兹曼机（Restricted Boltzmann Machines，RBM）是一种特殊的马尔可夫随机场（Markov Random Filed，MRF）。一个 RBM 包含一个由随机的隐单元构成的隐层（一般是伯努利分布）和一个由随机的可见（观测）单元构成的可见（观测）层（一般是伯努利分布或高斯分布）。RBM 可以表示成双向图，所有可见单元和隐单元之间都存在连接，而隐单元两两之间和可见单元两两之间不存在连接，也就是层间全连接，层内无连接。

一个 RBM 中，v 表示所有可见单元，h 表示所有隐单元，给定模型参数 θ，可见单元和隐单元的联合概率分布 $p(v,h;\theta)$ 用能量函数 $E(v,h;\theta)$ 定义为

$$p(v,h;\theta) = \frac{\exp(-E(v,h;\theta))}{Z}$$

式中，$Z = \sum_v \sum_h \exp(-E(v,h;\theta))$ 是一个归一化因子或配分函数（partition function），模型关于可见向量 v 的边缘分布为

$$p(v;\theta) = \frac{\sum_h \exp(-E(v,h;\theta))}{Z}$$

对于一个伯努利（可见单元）分布-伯努利（隐单元）分布的 RBM，能量函数的定义为

$$E(v,h;\theta) = -\sum_{i=1}^{I}\sum_{j=1}^{J} w_{ij} v_i h_j - \sum_{i=1}^{I} b_i v_i - \sum_{j=1}^{J} a_j h_j,$$

式中，w_{ij} 表示可见单元 v_i 和隐单元 h_j 之间的对称连接权值，b_i 和 a_j 表示偏置项，I 和 J 是可见单元和隐单元的数目。条件概率可以通过下列公式计算：

5 预训练的深度神经网络——一种混合方法

$$p(h_j = 1 | \boldsymbol{v}; \theta) = \sigma\left(\sum_{i=1}^{I} w_{ij} v_i + a_j\right)$$

$$p(v_i = 1 | \boldsymbol{h}; \theta) = \sigma\left(\sum_{j=1}^{J} w_{ij} h_j + b_i\right)$$

式中,$\sigma(x) = 1/(1 + \exp(-x))$。

相似地,对于一个高斯(可见单元)分布-伯努利(隐单元)分布RBM,能量函数为

$$E(\boldsymbol{v}, \boldsymbol{h}; \theta) = -\sum_{i=1}^{I}\sum_{j=1}^{J} w_{ij} v_i h_j - \frac{1}{2}\sum_{i=1}^{I}(v_i - b_i)^2 - \sum_{j=1}^{J} a_j h_j$$

相应地,条件概率为

$$p(h_j = 1 | \boldsymbol{v}; \theta) = \sigma\left(\sum_{i=1}^{I} w_{ij} v_i + a_j\right)$$

$$p(v_i | \boldsymbol{h}; \theta) = N\left(\sum_{j=1}^{J} w_{ij} h_j + b_i, 1\right)$$

式中,v_i 取实值,服从均值为 $\sum_{j=1}^{J} w_{ij} h_j + b_i$,方差为1的高斯分布。高斯-伯努利RBM可以将实值随机变量转换成二进制随机变量,然后使用伯努利-伯努利RBM进行进一步的处理。

上面讨论了RBM中可见变量的两种常见的分布形式——高斯分布(连续变量数据)和二项分布(二进制数据),更一般的分布也可以应用在RBM中。例如,文献[386]中使用了一般的指数族分布。

通过计算对数似然 $\log p(\boldsymbol{v}; \theta)$ 的梯度我们可以得到RBM权值更新的公式:

$$\Delta w_{ij} = E_{\text{data}}(v_i h_j) - E_{\text{model}}(v_i h_j),$$

式中,$E_{\text{data}}(v_i h_j)$ 是训练集中观测数据的期望(h_j 是在给定 v_i 之后在模型上采样得到的),$E_{\text{model}}(v_i h_j)$ 则是在模型所确定的分布上的期望。然而 $E_{\text{model}}(v_i h_j)$ 的计算是非常复杂的,使用对比散度(Contrastive Divergence,CD)来近似地计算梯度是一种有效近似期望值的方法,对比散度方法通过由训练数据初始化的吉布斯采样器来代替 $E_{\text{model}}(v_i h_j)$,近似计算 $E_{\text{model}}(v_i h_j)$ 的步骤总结如下:

- 使用训练数据初始化 $\boldsymbol{v}_0$
- 采样 $\boldsymbol{h}_0 \sim p(\boldsymbol{h} | \boldsymbol{v}_0)$
- 采样 $\boldsymbol{v}_1 \sim p(\boldsymbol{v} | \boldsymbol{h}_0)$
- 采样 $\boldsymbol{h}_1 \sim p(\boldsymbol{h} | \boldsymbol{v}_1)$

$(\boldsymbol{v}_1, \boldsymbol{h}_1)$ 是从模型中采样得到的,是对 $E_{\text{model}}(v_i h_j)$ 的一个粗略估计。使用 $(\boldsymbol{v}_1, \boldsymbol{h}_1)$ 来估计 $E_{\text{model}}(v_i h_j)$ 促使了CD-1算法的产生,采样算法过程如图

5.1 所示。

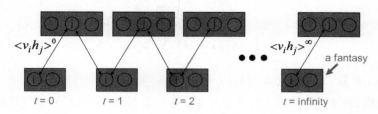

图 5.1　RBM 学习中采样过程图示（Geoff Hinton 的贡献）

图中词语翻译对照表

Infinity	无穷
a fantasy	假想的节点

CD-k 算法将 CD-1 算法进行了推广，即在马尔可夫链上执行多步。当然还有其他方法用来估计 RBM 的对数似然梯度，如随机最大似然（maximum likelihood）或持续对比散度（Persistent Contrastive Divergence，PCD）[363,406]。如果将 RBM 当作生成模型（generative model）使用时，随机最大似然方法和 PCD 方法会比 CD 方法的效果要好。

RBM 的训练是成功应用 RBM 的关键，同时也是使用深度学习技术解决实际问题的关键。Hinton 在 2010 年的技术报告［159］中提出了一个非常有助于 RBM 训练的指南。

以上讨论的 RBM 既是一个生成模型，也是一个无监督模型，因为它使用隐变量来描述输入数据的分布，而这个过程却没有涉及数据的标签信息。然而，当有可利用的标签信息时，标签信息可以和数据一起使用，组成"联合数据集"，然后使用 CD 算法来生成与数据相关的近似的"生成"目标函数。另外，还可以定义一个关于标签的条件似然的"判别式"目标函数。判别式 RBM 可应用于分类任务中的参数微调[203]。

Ranzato 等人在文献［297，295］中提出了一种称为"对称稀疏编码机"（Sparse Encoding Symmetric Machine，SESM）的无监督学习算法。SESM 和 RBM 非常相似，它们都具有对称的编码器和解码器，在编码器的顶层都是一个逻辑非线性（Logistic Non-linearity）结构。主要的区别是 RBM 的训练使用了（近似）最大似然，而 SESM 则是简单地通过最小化平均能量加上一个稀疏编码项。SESM 使用稀疏项来避免平滑的能量平面，而 RBM 则是在损失中使用一个明确的对比项，即对数配分函数的一个近似，来达到这个目标。另外一个不同点是，在编码策略上，RBM 中的编码单元是"有噪声"的和二进制的，而 SESM 的编码单元是二进制并且稀疏的。对于语音识别任务，在预训练 DNN

过程中使用 SESM 的例子可参见文献［284］。

5.2 无监督逐层预训练

本节我们将讨论如何将第 5.1 节中介绍的 RBM 堆叠组成一个深度置信网络（Deep Belief Network，DBN），从而作为 DNN 预训练的基础模型。在进行细节的探究之前，我们首先要知道，由 Hinton 和 Salakhutdinov 在文献［163］提出的这种预训练过程是一种无监督的逐层预训练的通用技术，也就是说，不是只有 RBM 可以堆叠组成一个深度生成式（或判别式）网络，其他类型的网络也可以使用相同的方法来生成网络，比如 Bengio 等人在文献［28］中提出的自动编码器（autoencoder）的变形。

图 5.2 描述了一个逐层训练的例子，将一定数目的 RBM 堆叠组成一个 DBN，然后从底向上逐层预训练。堆叠过程如下：训练一个高斯-伯努利 RBM（对于语音应用使用的连续特征）或伯努利-伯努利 RBM（对于正态分布或二项分布特征的应用，如黑白图像或编码后的文本）后，将隐单元的激活概率（activation probabilities）作为下一层伯努利-伯努利 RBM 的输入数据。第二层伯努利-伯努利 RBM 的激活概率作为第三层伯努利-伯努利 RBM 的可见输入数据，以后各层以此类推。关于这种有效的逐层贪婪学习策略的理论依据由文献［163］给出。已经表明，上述的堆叠过程提高了在构造模型下训练数据的似然概率的变分下限。也就是说，上述的贪婪过程达到了近似的最大似然学习。这个学习过程是无监督的，所以不需要标签信息。

当应用到分类任务时，生成式预训练可以和其他算法结合使用，典型的是判别式方法，它通过有效地调整所有权值来改善网络的性能。判别式精调（fine-tune）通常是在现有网络的最后一层上再增加一层节点，用来表示想要的输出或者训练数据提供的标签，它与标准的前馈神经网络（feed-forward neural network）一样，可以使用反向传播算法（back-propagation algorithm）来调整或精调网络的权值。DNN 最后一层即标签层的内容，根据不同的任务和应用来确定。对于语音识别任务，如图 5.2 所示，最顶层节点"$l_1, l_2, \cdots, l_j, \cdots l_L$"可以表示音节（syllables）、音素（phones）、子音素（sub-phones）、音素状态（phones states）或者其他语音单元，这些单元都是基于 HMM 的语音识别系统中常见的。

上述生成式预训练应用在音素和语音识别中，要比随机初始化网络的效果要好，在第 7 章将会进行详细地讨论。研究也已经表明了其他种类的预训练策略的有效性。比如，在执行逐层贪婪训练时，可以在每一层的生成损失函数中增加一项（附加）判别项。如果不使用生成式预训练，只使用随机梯度下降方法来对随机初始化 DNN 进行判别式训练，那么结果表明，当非常仔细地选

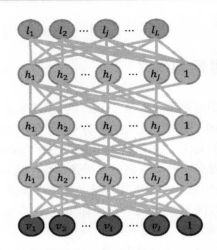

图 5.2　DBN-DNN 结构

取初始权值并且谨慎地选择适合于随机梯度下降的"迷你批量"（mini-batch）的大小（例如：随着训练轮数增加大小），也将会获得很好的效果。"迷你批量"用于在收敛速度和噪声梯度之间进行折中。同时，在建立"迷你批量"时，对数据进行充分的随机化也是至关重要的。另外，很重要的一个发现是：从一个只含有一层隐层的浅层神经网络（shallow neural network）开始学习一个 DNN 是非常有效的。当这种方法用于训练区分式模型时（使用提前结束训练的策略以防止过拟合的出现），在第一个隐层和标签的 softmax 输出层之间插入第二个隐层，然后对扩展后的网络进行判别式训练，重复这个过程，直到隐层的层数达到要求，最后对整个网络应用反向传播来精调网络的权值。这种判别式预训练在实践中[324,419]取得了比较好的效果，特别是在有大量的训练数据的情况下效果更好。当训练数据不断增多时，即使不使用上述预训练，一些经过特别设计的随机初始化方法也能够取得很好的效果。

总之，无论是在大数据量还是小数据量的情况下，基于堆叠 RBM 的 DBN 预训练已经证明非常有效。另外，预训练的方法不是仅仅只有 RBM 和 DBN 方法，如除噪自动编码器（denoising autoencoders）也可以用来有效地估计数据的分布[30]。和 RBM 一样，除噪自动编码器也是一种利用采样的生成式模型。而与 RBM 不同的是，在训练过程中，我们可以获得目标函数梯度的无偏估计，而不再需要马尔可夫链蒙特卡罗（Markov Chain Monte Carlo，MCMC）或者变分估计。因此，可以像堆叠 RBM 预训练一样，首先逐层预训练去噪自动编码机，然后逐层堆叠，从而实现有效地逐层预训练。

另外，在许多深度学习的论文中，我们可以找到逐层预训练的一个通用框架，例如文献［2］的第二节，将 RBM 作为一种单层组成单元的特例进行了讨论。更普遍的预训练框架包括 RBM/DBN 以及其他无监督特征提取器，同时也包括了如何进行特征表示的无监督预训练，即在无监督预训练特征之后，单独训练一个分类器[215,216,217]。

5.3　DNN 和 HMM 结合

到目前为止，本章所介绍的混合深度网络的典型例子——含预训练的 DNN，实际上是一个具有固定输入维数的静态分类器。但是许多实际的模式识别和信息处理问题，包括语音识别、机器翻译、自然语言理解、视频处理以及生物信息处理等，都需要序列识别。序列识别，有时也被称为结构化输入/输出分类，输入和输出的维数都是变量。

图 5.3 中 DBN/DNN 和 HMM 结合组成一个 DNN - HMM，它是由 Microsoft 提出的，这种结构已经被成功地使用在文献［67，68］语音识别实验中。（参考文献［67，68］@IEEE）

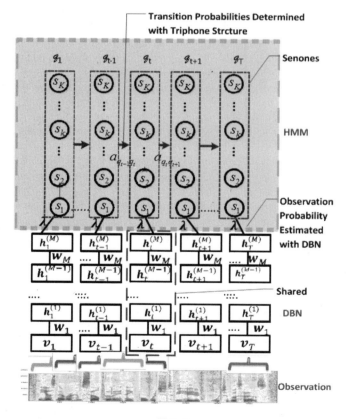

图 5.3

图中词语翻译对照表

Transition Probabilities Determined with Triphone Structure	三音素结构决定的转移概率
Observation Probability established with DBN	使用 DBN 估计的观测概率
Shared	共享
Observation	观测

  基于动态规划运算的 HMM，能够有效地将静态分类器的优势发挥到处理动态或者序列模式任务上。因此，将前馈神经网络和 HMM 结合，能够有效地弥合静态和序列模式识别之间的差别。早期的基于神经网络的语音识别[17,25,42]中就已经采用了这种方法。图 5.3 说明了使用 DNN 来实现这种结构的方法，这种结构已经在文献 [67，68] 中成功应用到语音识别中。

  语音的时间动态特殊性正如文献 [45，73，76，83] 中所描述的那样复杂，所以要想取得语音识别的最终成功，还需要比 HMM 具有更强的短时相关特性的模型。将实际协同发音（co-articulatory）特性和 DNN 以及其他深度学习模型结合，组成连贯动态深度结构（coherent dynamic deep architecture），将是一个极具挑战性的新的研究方向。

6 深度堆叠网络及其变形——有监督学习

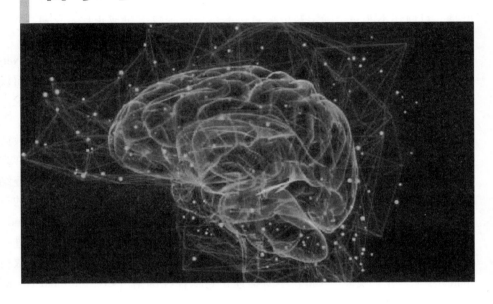

6.1 简介

虽然第 5 章中所描述的 DNN 在识别和分类任务中，包括语音识别和图像分类，都取得了非常好的效果，然而训练一个 DNN 的复杂度却是非常高的。尤其是在传统的训练方法中，DNN 参数精调阶段使用了随机梯度下降学习算法，但是这种算法很难做到多机并行，所以在大规模的数据上进行学习会非常困难。例如，使用一个强大的图形处理单元（GPU）和几百或者几千小时的训练数据，来训练基于 DNN 的语音识别器，完全可以得到一个令人满意的结果。但是，目前还不能完全确定这个结果是不是与训练数据量成正比。文献［69］中涉及了此研究方向的最新进展。

本章我们将学习一个新的深度结构——深度堆叠网络（Deep Stacking Network DSN），DSN 首先是为了研究学习伸缩性（learning scalability）问题而设计的。本章基于最近的文献［106，110，180，181］并做了一些扩展的讨论。

DSN 设计的中心思想是"堆叠"，最初由文献［28，44，392］提出，大致过程是：首先构造简单的函数模块或者分类模块，然后将这些简单的函数或者分类器逐层堆叠进而用来学习复杂的函数或者分类器。目前已经提出了许多堆叠的实现方法，典型的方法是在简单模块中使用有监督的信息。位于堆叠结构高层的堆叠分类器所使用的新特征，来源于原始的输入特征和低层模块的分类结果的拼接。在文献［60］中，用来堆叠的简单模型是条件随机场（Conditional Random Field，CRF）。这种类型的深度结构，在加入隐状态后得到进一步扩展，在使用不含边界信息训练数据的自然语言处理和语音识别应用中取得了成功[429]。正如文献［185］中所描述，卷积神经网络（Convolutional Neural Network，CNN）也可以看成一种堆叠结构，但是监督信息只在堆叠模块的最后的单元上使用。

DSN 结构首先在文献［106］中提出，当时被称为深度凸网络（Deep Convex Network，DCN），主要是用来强调学习网络算法的凸性质。DSN 在堆叠每个基本模块时都使用了监督信息，采用多层感知机的简化形式。在基本模块中，输出单元是线性的，隐单元是 sigmoidal 非线性的。在确定了隐单元的激励之后，线性输出单元能够对输出网络权值进行高效、并行和闭式的估计（凸优化的结果）。因为输入和输出权值之间的闭式约束，输入的权值也可以使用高效、并行和批处理的方法进行估计，这部分将在 6.3 节中进行介绍。

在文献［106］中使用"凸（convex）"这个名词，主要是为了强调学习过程的凸优化的规则，即在每个基本模块中，当确定了隐单元的激励之后，学习输出网络权值的过程是一个凸优化的过程。由于凸的性质所产生的输入和输出之间的闭式约束也是非常重要的，这种约束使得学习其余的网络权值（即网络输入权值）更加简单，使得 DSN 的批量学习可以分布到 CPU 集群中进行。在最近的文献中，当强调堆叠的关键操作时都会使用 DSN。

6.2 深度堆叠网络的基本结构

如图 6.1 所示的一个 DSN，包含了数目可变的分层模块，每个模块都是由单隐层和两个可训练的权值集合组成的特殊神经网络。在图 6.1 中，只用 4 个模块举例说明，每一个模块都用一种不同的颜色表示。实际上，在图像和语音分类中通常需要训练几百个模块。

DSN 的最底层模块由三层组成：包含线性输入单元的线性层、包含非线性单元的非线性层和包含线性输出单元的线性层。隐层中经常使用 sigmoid 非线性函数，当然也可以使用其他非线性函数。如果将 DSN 用于图像识别，输入单元对应相应图像的像素（或提取的特征），可以是密度值、RGB 值或者和像素相关的其他值。如果 DSN 用于进行语音识别，输入单元可以是语音波形数据的采样点或者从语音数据中提取的特征，比如功率谱（power spectra）或倒谱系数（cepstral coefficients）。线性输出层的输出单元的输出表示分类的目标。例如，如果使用 DSN 进行数字识别，输出单元代表 0、1、2、3、……、9，并且使用 0-1 编码方式表示。如果使用 DSN 进行语音识别，输出单元可以表示音素、音素的 HMM 状态或者音素的上下文相关的 HMM 状态。

我们用 W 表示底层连接线性输入层和非线性隐层的权值矩阵，用 U 表示上层连接非线性隐层和线性输出层之间的权值矩阵。当使用均方误差（mean square error）训练准则时，给定 W 之后，权值矩阵 U 可以通过闭式（closed-form）解确定。

如上所述，DSN 包含一系列的串联、重叠和分层的模块，其中每个模块都有相同的结构———一个线性输入层，之后连接一个非线性隐层，然后是一个线性输出层。底层模块的输出是与它相邻接的较高层的输入单元的子集。第二个模块，即与最底层的模块直接相连的模块，其输入除了包含最底层模块的输出之外还可以选择性地包含原始的输入特征。

将底层模块的输出作为与之邻接的较高层模块的输入，然后使用凸优化来学习输入层和隐层、隐层和输出层之间的连接权值矩阵，使用这种方法，可以对大多数模块进行训练。使用这种方法训练的 DSN 可以用来做自动分类任务，例如帧一级的语音音素分类或音素状态分类。将 DSN 的输出和 HMM 或者任何动态规划模型连接，即可以实现连续语音识别以及其他类型的序列模式识别。

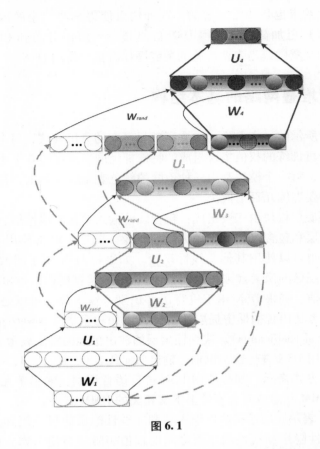

图 6.1

图 6.1 为使用输入 - 输出堆叠的 DSN 结构。图中使用 4 个模块进行了举例说明，每个模块使用了不同的颜色。虚线表示复制当前层。（参考文献 [366] @ IEEE）

6.3　一种学习 DSN 权值的方法

本节我们提供一些关于如何借助 DSN 线性输出单元来学习 DSN 权值的技术细节。为简单起见，我们使用一个模块来说明线性输出单元的优势。首先，如果在所有训练数据中的所有隐层的激励矩阵 H 都已经得到，那么高层的权值矩阵 U 很容易求出。我们使用向量组 $X = [x_1, \cdots, x_i, \cdots, x_N]$ 表示训练向量，其中每一个向量 $x_i = [x_{1i}, \cdots, x_{ji}, \cdots, x_{Di}]^T$ 是关于模块的函数，D 表示输入向量的维数，N 是训练数据的总数。L 表示隐单元的数量，C 表示输出向量的维数，一个 DSN 模块的输出为 $y_i = U^T h_i$，其中 $h_i = \sigma(W^T x_i)$ 是第 i 个样本的隐层向量，U 是一个 $L \times C$ 的上层权值矩阵，W 是一个 $D \times L$ 的下层权值矩阵，$\sigma(\cdot)$ 是一个 sigmoid 函数。如果 x_i 和 h_i 中都增加常数 1，那么偏置项也隐含在公式中。

用 $T = [t_1, \cdots, t_i, \cdots, t_N]$ 表示所有训练数据（总共 N 个样本）的标签，其中 $t_i = [t_{1i}, \cdots, t_{ji}, \cdots, t_{Ci}]^T$，参数 U 和 W 通过最小化均方误差得到：

$$E = \frac{1}{2} \sum_i \| y_i - t_i \|^2 = \frac{1}{2} Tr[(Y - T)(Y - T)^T],$$

其中网络的输出为

$$y_i = U^T h_i = U^T \sigma(W^T x_i) = G_i(U, W)$$

如标准的神经网络一样，输出取决于权值矩阵。假设 $H = [h_1, \cdots, h_i, \cdots, h_N]$ 已知，或者 W 已知，令误差函数关于 U 的导数为 0，求得

$$U = (HH^T)^{-1} H T^T = F(W),$$

式中，$h_i = \sigma(W^T x_i)$。也就是说，在 U 和 W 之间存在一个很明确的约束：在传统的反向传播算法中，U 和 W 是相互独立的。

给定等式约束 $U = F(W)$ 后，使用拉格朗日乘子法（Lagrangian multiplier method）学习最优化参数 W。优化拉格朗日算子为

$$E = \frac{1}{2} \sum_i \| G_i(U, W) - t_i \|^2 + \lambda \| U - F(W) \|$$

我们得到批量梯度下降算法，而梯度采用下面的形式 [106, 413]：

$$\frac{\partial E}{\partial W} = 2X \left[H^T \circ (1 - H)^T \circ [H^\dagger (H T^T)(T H^\dagger) - T^T (T H^\dagger)] \right]$$

式中，$H^\dagger = H^T (H H^T)^{-1}$ 是 H 的伪逆（pseudo-inverse），符号 $\circ$ 表示按元素的成对相乘（element-wise multiplication）。

和传统的反向传播算法相比，因为有明确的约束 $U = F(W)$，所以上述方法在梯度计算时噪声较少。经验发现，不同于传统的反向传播，这里使用批量训练可以有效地帮助 DSN 进行并行学习。

6.4 张量深度堆叠网络

上述的 DSN 结构在最近的研究中已经被推广到它的张量版本，我们称之为张量深度堆叠网络（Tensor Deep Stacking Network，TDSN）[180,181]。在并行化学习方面，它和 DSN 具有相同的扩展性，但是它通过提供更高阶的特征交互，对 DSN 进行了推广。

在堆叠过程实现方面，TDSN 的结构和 DSN 是非常相似的。也就是说，TDSN 的模块使用和 DSN 相似的方法进行堆叠形成深度结构。而 DSN 和 TDSN 的主要不同在于每个模块是如何构建的。在 DSN 中，一个隐层只由一套隐单元组成，如图 6.2 的左侧图所示。和 DSN 相比，TDSN 的每个模块中包含两个独立的隐层，如图 6.2 中间和右侧的两幅图所示，其中使用"隐层 1"和"隐层 2"表示两个独立的隐层。因为隐层的不同，上层的权值向量，如图 6.2 中的"U"从 DSN 中的一个二维数组变成了 TDSN 中的一个三维数组的张量（tensor），如图 6.2 中间图所示。

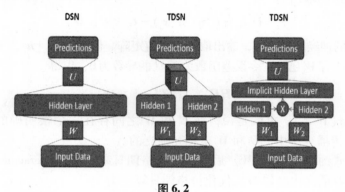

图 6.2

图 6.2 为由一个模块组成的 DSN（左图）和 TDSN 的对比。右面两图是 TDSN 模块的两种等效的形式。（参考文献 [180]，@ IEEE）

图中词语翻译对照表

Predictions	预测
Hidden Layer	隐层
Input data	输入数据
Implicit Hidden Layer	间接隐层

张量 U 是三向连接的，分别连接预测层和两个独立的隐层。TDSN 的一个等价形式如图 6.2 中右侧图所示，将两个独立的隐层进行外积得到间接隐层（图中的间接隐层 Implicit Hidden Layer），产生的大向量包含两个隐层的所有可能的成对的元素乘积。这样便又把张量 U 变成了矩阵，它的维数满足两点：1）和预测层的大小相同；2）是两个隐层的乘积的大小。这种等价形式能够使 DSN 中学习 U 的凸优化方法运用到张量 U 的学习中。更重要的是，通过外积构建规模较大的间接隐层，允许了高阶隐层的特征交互。

使用与 DSN 相似的方法，即将各种不同的向量进行拼接，将 TDSN 模块堆叠组成一个深度结构。图 6.3 和图 6.4 通过两个例子说明 TDSN 的堆叠方法。值得注意的是，对于 DSN，将隐层和输入（见图 6.4）拼接的堆叠是很困难的，因为在实际应用中，隐层单元的数量是非常大的。

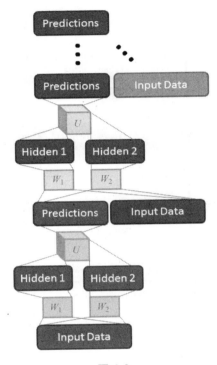

图 6.3

图 6.3 中通过拼接预测层向量和输入向量堆叠 TDSN 模块。（参考文献 [180]，@ IEEE）

图 6.4 中通过拼接两个隐层向量和输入向量实现 TDSN 模块的堆叠。

图中词语翻译对照表

Predictions	预测
Hidden 1	隐层 1
Hidden 2	隐层 2
Input data	输入数据

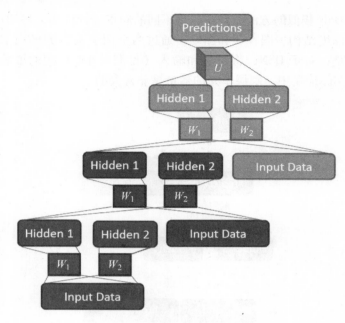

图 6.4

图中词语翻译对照表

Predictions	预测
Hidden 1	隐层 1
Hidden 2	隐层 2
Input data	输入数据

6.5 核化深度堆叠网络

在最近的研究中，DSN 结构也被推广到核化版本，我们称之为 K-DSN（kernel-DSN）[102,171]。对 DSN 进行扩展的目的是为了在不增加训练参数的前提下增加每个 DSN 模块的隐单元数量。使用核方法可以很简单地实现此目的，我们接下来要描述的 K-DSN 就是基于核方法的。

上面所提到的 DSN 结构，给定每个模块中隐层的输出后，再求权值矩阵 U 是个凸优化的问题。但问题是需要优化权值矩阵 W，因此整个网络是非凸的。在最近对 DSN 的扩展中，提出了张量结构，把对 W 的非凸优化问题转化成对 U 的凸优化问题[180,181]。在 K-DSN 中，我们使用核方法则能够完全忽略学习 W 的非凸问题。

6 深度堆叠网络及其变形——有监督学习

为了得到 K-DSN 结构和其学习算法，首先，我们以 DSN 最底层模块为例，并且将 sigmoid 隐层 $h_i = \sigma(W^T x_i)$ 推广成一般的非线性函数 $G(X)$，其中 X 为原始的输入特征，$G(X)$ 的高维（也许是无限维）性质取决于所选取的核函数。其次，我们用公式将约束优化问题表示为

$$最小化 \frac{1}{2}Tr[EE^T] + \frac{C}{2}U^T U$$

$$服从于 \ T - U^T G(X) = E$$

然后，我们使用上述约束优化问题的对偶表示获得 $U = G^T a$，其中，向量 a 有如下形式：

$$a = (CI + K)^{-1} T$$

其中，$K = G(X)G^T(X)$ 是一个对称的核矩阵，其元素为 $K_{nm} = g^T(x_n)g(x_m)$。

最后，对于测试集或开发集中的每一个新输入向量 x，K-DSN（底层）模块的预测为

$$y(x) = U^T g(x) = a^T G(X) g(x) = k^T(x)(CI + K)^{-1} T$$

其中，我们定义核向量 $k(x)$，使得其元素为 $k_n(x) = k(x_n, x)$，x_n 是训练样本，x 是当前的测试样本。

对于 K-DSN 中的第 l（$l \geq 2$）个模块，相应的核矩阵修改为

$$K = G([X|Y^{(l-2)}|\cdots Y^{(1)}])G^T([X|Y^{(l-1)}|Y^{(l-2)}|\cdots Y^{(1)}])$$

通过下面的分析，我们可以看出 K-DSN 最主要的优势。首先，它不像 DSN 一样需要计算隐单元的输出，K-DSN 不需要明确地计算隐单元的输出 $G(X)$ 或者 $G([X|Y^{(l-1)}|Y^{(l-2)}|\cdots Y^{(1)}])$，当使用高斯核（Gaussian Kernels）时，核的使用相当于在无须显示计算隐单元输出的情况下得到无限数目的隐单元。另外，我们不再需要学习 DSN 中的底层权值矩阵 W，在文献 [102] 中有详细描述，核参数（比如高斯核中的方差 σ）使得 K-DSN 与 DSN 相比起来能够比较好地克服过拟合的问题。图 6.5 表示了一个具有三个模块，使用高斯核的基本 K-DSN 结构。

高斯核 K-DSN 使用两套与模型相关的超参数 $\sigma^{(l)}$ 和 $C^{(l)}$ 来刻画模型，即核平滑参数和正则化参数。它们都是很直观的参数，对于底层模块的参数调整（通过线性搜索或者交叉验证方法）是非常直接的，而对于整个网络，调整所有模块的参数却是比较困难的。例如，如果底层模块参数调整得非常好，那么再增加更多的模块将不会对模型改进多少。相反，当较底层的模块调整得并不

十分精确（也就是，对从简单的方法中获得的结果宽松处理），整体的 K-DSN 通常表现得更好。Deng 等人[102]使用一套基于经验的调参方法，对 K-DSN 自底而上的进行适应性调整，得到了上述的实验结论。

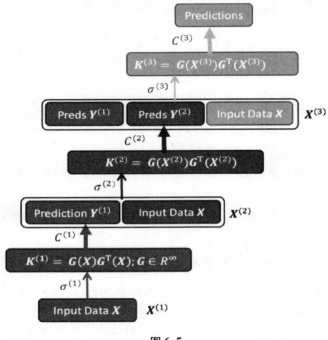

图 6.5

图 6.5 为 K-DSN 的一个例子，其中的每个模块都使用具有不同参数的高斯核。（参考文献 [102]，@ IEEE）

图中词语翻译对照表

Predictions	预测
Input data	输入数据

本节所介绍的 K-DSN 在机器学习和模式识别的视角上获得了一系列非常可取的特性，它合理地结合了深度学习和核学习方法，并且在训练过程中不像 DSN 那样具有非凸优化问题。在计算方面上，不像 DSN 或者张量 DSN，它可以实现多机的并行计算，同时不需要预训练。文献 [102] 的研究发现，与 DSN 和张量 DSN 相比，K-DSN 中的正则化起到了非常重要的作用。使用一些非常直接的优化方法，比如启发式的弹性反向传播算法（Resilient Backpropagation，RProp）[302]就能使 K-DSN 权值在学习中得到有效的调整。

然而，任何核方法都存在的一个内在问题是，当训练样本和测试样本变得非常巨大时，K-DSN 的扩展性就成了一个很大的问题。Huang 等人[171]在 2013 年提出了一个基于随机傅里叶特征（random Fourier features）的解决方法，该方法具有逼近高斯核的强有力的理论依据，并且在大量训练样本的情况下，训练和测试 K-DSN 过程效率都非常高。经验证明，正如传统的使用严格高斯核的 K-DSN 一样，使用随机傅里叶特征也能成功地将核模块堆叠成一个深度结构。

7

语音和音频处理中的应用

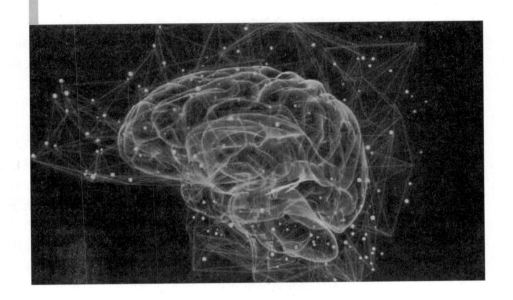

7.1 语音识别中声学模型的建立

如第 2 章所述，语音识别是深度学习方法在工业界中的第一个成功应用。这是工业界和学术界紧密合作的成果，源于微软研究院研究员对大规模的工业需求前瞻性的预见以及积极的参与[68,89,109,161,323,414]。也源于不断深入探索深度学习能力以及研究语音识别的最新技术，其中包括引人瞩目的高效解码技术。

长期以来，GMM - HMM 的方法在语音识别中占据主导地位。该方法主要是基于上下文相关的浅层、扁平的 GMM 和 HMM 生成式模型（参见文献 [92, 93, 187, 293]）。虽然神经网络的方法有一段时间非常流行，但效果还是远不如 GMM - HMM[42,87,261,382]。即便是具有深度隐藏动态（deep hidden dynamics）特征的生成式模型也难以与 GMM - HMM 的识别效果相比（参见文献 [45, 73, 108, 282]）。

2010 年，在学术界和工业界研究者的紧密合作下，深度学习和 DNN 开始对语音识别领域产生影响[89,161]。合作从音素识别任务开始[89,100,135,136,257,260,258,309,311,334]，在这个任务中，将第 5 章讲到的混合 DNN 以及后续会述及的卷积（convolutional）和回归（recurrent）结构的新模型的建模能力体现得淋漓尽致。在特征方面，研究者从普遍使用的 MFCC 特征向更底层的特征进行研究，这也说明了原始语音频谱特征的重要性，尽管如此，截止撰写本书时，仍然没有使用原始语音波形作为特征的方法[183,327]。工业界和语音界的合作也在大词汇量语音识别领域取得了很好的成果[67,68,94,89,161,199,195,223,323,353,399,414]。类似 GMM - HMM 的语音单元（senones），DNN 在大词汇量语音识别领域的成功应用很大程度上归功于大规模输出层结构的使用。语音研究者想继续保持业已证明在 GMM-HMM 框架中非常有效的上下文相关的音素建模技巧，同时对已有的高效的 GMM-HMM 解码器软件架构进行尽量小的改动来适应新的模型。同时，这项工作也表明，当拥有足够大的数据量时，可以不必使用基于 DBN 的预训练。以下三个因素，使得基于深度学习的语音识别从学术界到工业界取得了广泛的成功：（1）相比目前最好的 GMM-HMM 系统，识别错误率明显下降；（2）音素状态（senones）作为 DNN 输出层使得部署基于 DNN 的解码器对原解码器的改动很小；（3）DNN 强大的建模能力降低了系统的复杂性。截至 2013 年 ICASSP 会议，全世界至少有 15 个主要的语音识别团队的实验证明了在大规模语音识别任务上使用 DNN 的有效性，以及用原始语音频谱特征（而不是 MFCC）可以得到更好的结果。这些团队包括了著名的工业界语音实验室，如 Microsoft[49,89,94,324,399,430]、IBM[195,309,311,307,317]、Google[69,150,184,223]、讯飞和百度。他们的成果代表了语音识别的最新水平,这些公司的语音产品和服务近年来被媒体广泛地报导。

在本章的其余部分,我们将根据几个重要议题回顾基于深度学习的语音识别工作,这些议题包含在小节标题中。

7.1.1 回归语音的原始频谱特征

深度学习,也称为表示学习或(无监督)特征学习,它要达到的一个重要目标是使其能够自动地从原始数据中提取有效的特征,这个目标与具体应用领域的种类是无关的。对于语音的特征学习和语音识别而言,这个目标可以归纳为对原始频谱特征的使用或是对波形特征的使用。过去30年以来,虽然对语音频谱进行变换丢失了原始语音数据的部分信息,但是多种"手工制作"(hand-crafted)的特征促进了 GMM-HMM 系统识别率的巨大提升。其中最成功的是非自适应的余弦变换,它促进了 Mel 频率倒频谱系数(MFCC)特征的产生。余弦变换近似地去除了特征成分之间的相关性,这对于使用对角协方差阵的 GMM 来说是很重要的。然而,当深度学习模型(如 DNN、DBN)、深度自编码器替代 GMM 模型以后,由于深度学习建模方法具有强大的相关性建模能力,使得去除特征之间的相关性变得无关紧要。较早的一篇研究论文[100]说明了深度学习的这个优点,并且在使用非监督学习的自编码器对语音的瓶颈层(bottleneck)特征进行编码时,直接使用语谱比 MFCC 更有效。

从语音波形(原始语音特征)到 MFCC 以及它们的时间差分,这个流程经历了多个中间步骤:对数谱、Mel 域滤波器组,参数是从数据中学习得到的。深度学习的一个重要特性是:不用单独设计特征表示器和分类器。这种同时学习分类器和特征表示的思想,其实在基于 GMM-HMM 的语音识别中早有研究,例如文献[33,50,51,299],然而也只是近期应用深度学习的方法使得语音识别的识别率大大提升。Mohamed 等人[259]、Li 等人[221]和 Deng 等人[94]均指出,在大规模的 DNN 中使用原始 Mel 域的滤波器组特征替代 MFCC 可以使错误率显著降低。这些结果说明,DNN 可以从 Mel 域的滤波器组特征中学习到比固定余弦变换更好的变换。

相比于 MFCC,原始频域特征不仅保留了更多的信息,而且可以使用卷积和池化(pooling)操作来表达和处理一些典型的语音多变性——例如,说话人的声带长度差异,不同发音风格引起的共振峰位置差异等,而这些多样性都隐含在频域中。例如,只有用频域特征替换 MFCC 特征之后,卷积神经网络(Convolutional Neural Network,CNN)方可有意义并有效地应用在语音识别中[1,2,3,94]。

最近,Sainath 等人[307]通过学习定义在能量谱上的滤波器组参数,向原始特征又迈进一步。也就是说,与文献[1,3,50,221]中使用 Mel 域的滤波器组特征作为输入不同的是，Mel 域滤波器的权值仅用于初始化参数，再和其余的深度神经网络层参数一起进行学习，得到分类器。上述同时学习特征产生器和分类器的架构如图 7.1 所示。结果表明，这种方法使得识别错误率大大降低[307]。

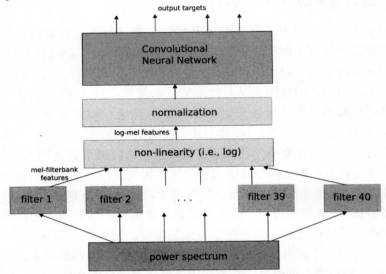

图 7.1　滤波器参数和其他深度网络参数同时学习

图中词语翻译对照表

output target	输出目标
Convolutional Neural Network	卷积神经网络
log-mel feature	对数域梅尔特征
non-linearity（ie., log）	非线性（比如对数函数）
mel-filterbank features	梅尔滤波器组特征
filter 1 filter 2…filter 39 filter 40	滤波器 1　滤波器 2……滤波器 39　滤波器 40
power spectrum	功率谱

事实证明，学习频域特征和时域特征对语音识别都是十分有益的[332]。最近，Yu 等人[426]通过对网络进行逐层分析，来揭示原始滤波器组特征作为输入时 DNN 不同层的性质。他们指出使用 DNN 所带来的语音识别准确率的提升，部分归功于 DNN 能够提取区分性内部表示的特性，这一特性对于多种来源的语音信号可变性是鲁棒的。他们也发现：网络高层获得的区分性的内部表示对输入层的微小扰动不敏感，这一特点帮助了语音识别率的提高。

最后，深度学习将促进更底层原始语音特征（如语音波形）的使用来进行语音识别，并自动学习特征变换。Jaitly 和 Hinton[183]对上述目标进行了最初的尝试，他们将原始语音波形作为具有卷积结构的 RBM 的输入来训练分类器。在隐层使用整流线性单元（rectified linear units），可在一定程度上自动地对语音波形幅度变化进行归一化。虽然最终实验结果并不是很好，但是这项工作说明在使用原始特征方向上有待更深入的研究。例如，Sainath 等人[307]的研究表明，使用原始语谱作为特征输入相比于 MFCC，需要在归一化上额外注意，而使用语音波形在归一化方面则更需注意[327]。无论是在 GMM 还是深度学习的方法中，这一点均得到验证。

7.1.2 DNN-HMM 架构和使用 DNN 生成特征的对比

近来另一个研究热点是在使用深度学习方法的语音识别中两种迥然不同的方式：（1）如 5.3 节，直接使用 DNN-HMM 架构进行语音识别；（2）首先使用 DNN 提取特征，然后将其作为一个独立的序列分类器的输入。在语音识别领域[42]，神经网络的输出直接用于估计 HMM 的发射概率的系统称为 ANN/HMM 混合系统。第 5 章和本书其余部分所说的"混合"指的是：为了学习 DNN 的参数，将无监督的预训练和有监督的精调相混合，ANN/HMM 混合系统中所说的"混合"和这种"混合"是不一样的。

7.1.2.1 DNN-HMM 架构作为识别器

早期的 DNN-HMM 架构[257]是在 NIPS 研讨会[109]上提出的，该架构由多伦多大学和微软研究院的语音研究者建立。在这项工作中，使用 5 层 DNN（在论文中称为 DBN）替换 GMM-HMM 系统中的混合高斯模型（GMM），并以单音素（monophone）状态作为建模单元。尽管单音素比三音素（triphone）的表征能力差一些，但使用单音素 DNN-HMM 架构的方法却比当时最先进的三音素 GMM-HMM 系统识别率更高。此外，DNN 的结果还略优于当时最好的隐生成轨迹模型（Hidden Trajectory Model，HTM）[105,108]系统。这些实验都是在研究者熟知的 TIMIT 数据上得到的结果，并且采用相同的评测方法[107,108,274,313]。在雷德蒙德的微软研究院，通过对这两个相互独立的系统（DNN 和 HTM）的仔细分析，发现它们产生的错误类型大相径庭，这反映了两种方法的核心能力不同，引发了对 DNN-HMM 方法更多更深入的研究，下面将对这些研究进行描述。

微软研究院和多伦多大学的研究者[67,68,414]将 DNN-HMM 系统从单音素表示扩展到三音素表示或上下文相关的表示，从音素识别扩展到大词汇量语音识别。微软研究院在 24 小时和 48 小时的 Bing 语音搜索的录音数据上的实验结果表明，上下文相关的 DNN-HMM 性能明显优于主流的 GMM-HMM 系统。除了使用 DNN 之外，还有三个因素促进了这项研究的成功：使用绑定三音素作为 DNN 建模单元；状态对齐结果由最好的三音素 GMM-HMM 系统给出；很好地利用长窗输入特征。实验还表明，使用 5 层 DNN-HMM 系统的解码时间几乎与最先进的 GMM-HMM 系统相同。

这些成功迅速扩展到具有几百甚至几千小时的训练数据，具有几千个三音素状态的大词汇量语音识别任务，包括 Switchboard 和广播新闻数据集、Google 语音搜索和 YouTube 等任务[94,161,184,309,311,324]。以 SwitchBoard 为例，与最先进的 GMM-HMM 系统相比，上下文相关的 DNN-HMM（context-dependent DNN-HMM，CD-DNN-HMM）使识别错误下降了三分之一。表 7.1 总结了一些早期基于最基本的 DNN-HMM 结构的文献和之前最先进的生成式模型的语音识别错误率对比（有更好结果的高级系统没有在这个表中列出）。应该注意的是，表格中从 A 到 D，即从一个任务到下一个，数据量增加了近一个数量级。随着数据集的增大，任务的计算量也随之（几乎线性）上升，最重要的是相对错误率下降幅度非常明显——从大约 10% 到 20%，再到 30%。尽管 DNN-HMM 整体架构的概念简单，并有一些公认的缺点，但是这些实验已经足够证明 DNN 方法强大的描述能力。

表 7.1 展示了 DNN-HMM 架构和生成式模型（如 GMM-HMM）就音素或词错误率的对比。从 A 到 D，数据集的增长接近三个数量级。

表 7.1

A：TIMIT Phone recognition（3 hours of training）		
GMM	W. Hidden dynamics	24.8%
DNN	5 layers × 2048	23.0%
B：Voice Search SER（24-48 hours of training）		
GMM	MPE（760 24-mix）	36.2%
DNN	5 layers × 2048	30.1%
C：Switch Board WER（309 hours of training）		
GMM	BMMI（9K 40-mix）	23.6%
DNN	7 layers × 2048	15.8%
D：Switch Board WER（2000 hours of training）		
GMM	BMMI（18K 72-mix）	21.7%
DNN	7 layers × 2048	14.6%

表中词语翻译对照表

Features	特征
Setup	实验设置
Error Rates	错误率
TIMIT Phone recognition（3 hours of training）	TIMIT 音素识别（3 小时训练）
Voice Search SER（24–48 hours of training）	语音搜索句错误率（24~48 小时训练）
SwitchBoard WER（309 hours of training）	SwitchBoard 词错误率（309 小时训练）
SwitchBoard WER（2000 hours of training）	SwitchBoard 词错误率（2000 小时训练）

7.1.2.2 在独立的识别器中使用 DNN 提取的特征

对于语音识别而言,上述 DNN-HMM 架构的一个明显缺点是,在过去 20 年间提出的很多针对 GMM-HMM 行之有效的技术,如区分性训练(特征空间和模型空间)、无监督说话人自适应算法、噪声鲁棒算法和在大数据集下可伸缩的批训练工具可能无法直接应用到新的系统中,尽管近来 DNN-HMM 架构也采用了类似的技术。利用 Hermansky 等人[154]最初提出的"串联"(tandem)方法可以有效地解决这个问题,这个方法将神经网络的音素后验概率输出和声学特征相结合,从而生成新的扩展特征来作为独立 GMM-HMM 系统的输入。

Vinyal 和 Ravuri[379]使用这个串联方法将 DNN 的输出作为不匹配的带噪语音的特征。他们的研究表明:在无噪声的情况下 DNN 是优于单层神经网络的,但是随着噪声加大,这个优势逐渐消失。此外,在低噪或中等噪声情况下的串联结构,使用 MFCC 和 DNN 后验结合的特征是优于只用 DNN 特征的。Tüske[368]和 Imseng[182]比较了这种串联方法和直接使用 DNN-HMM 方法的效果。

另一种提取 DNN 特征的方法是使用"瓶颈"(bottleneck)层,它比 DNN 的其他层节点数都少,目的是为了限制网络的容量。这种瓶颈层特征,通常和原始声学特征相结合并加以其他降维技术,作为 GMM-HMM 系统的输入。一般认为 DNN 生成的瓶颈层特征,可以当作从短时频谱中提取的声学特征的一个补充。Yu 和 Seltzer[425]基于上述瓶颈层特征构建了语音识别器,其结构如图 7.2 所示。一些基于 DNN 瓶颈层特征的若干变种方法参见文献[16,137,201,285,308,368]。

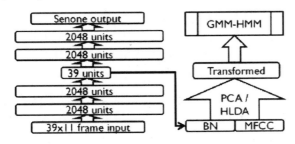

图 7.2 使用 DNN 瓶颈层提取的特征(BN)作为 GMM-HMM 输入的识别器

(参考文献[425]@IEEE)

图中词语翻译对照表

Senone Output	音素状态输出
units	单元
frame input	帧输入
Transformed	变换

还有另一种由 DNN 生成特征的方法，是将网络最后一个隐层的输出作为新的独立识别器的输入。在文献［399］中使用的 GMM-HMM 识别器中，其输入来自 DNN 的高维输出经过降维后得到的特征。在最新的研究中，递归神经网络（Recurrent Neural Network，RNN）充当后端识别器，DNN 的高维输出不经过降维而直接将其作为特征[48,85]输入给该识别器。这些研究也表明，从 RNN 序列识别器的识别精度来看，使用 DNN 最高隐层作为特征相比其他隐层或输出层的效果更好。

7.1.3 深度学习对噪声的鲁棒性

关于语音识别噪声鲁棒性的研究已经有很长的历史，比深度学习的出现都要早的多。一个主要原因是基于 GMM-HMM 的声学模型对于不同加噪测试数据的脆弱性，这是由于带噪的测试数据在特性上与训练数据（可能带噪或不带噪）不同所导致的。按以下 5 个不同准则对过去 30 年中的噪声鲁棒技术进行分析及分类：(1) 特征域与模型域的处理；(2) 使用声学环境失真的先验知识；(3) 显式地使用环境失真模型；(4) 确定与不确定的处理方式；(5) 使用与测试阶段相同的特征增强或者模型自适应技术训练的声学模型。读者可以参考综述［220］帮助理解，还有一些其他的综述材料和原始工作可参考文献［4，82，119，140，230，370，404，431，444］。

许多在模型层面提出的 GMM-HMM 抗噪技术（如 Li 等人[220]和 Gales[119]关于模型域的噪声鲁棒性研究）并不可以直接应用到深度学习的语音识别中，而特征层面的技术则可以直接应用到 DNN 系统中。Seltzer 等人[325]对特征层面语音识别噪声鲁棒性进行了深入的研究，他们在 DNN 的输入特征层应用了 C-MMSE[415]特征增强算法。通过对训练数据和测试数据使用相同的算法，DNN-HMM 识别器可以学习到增强算法引入的一致性错误和失真。这项研究也成功地探索了噪声察觉（noise-aware）的 DNN 训练模式，其中将对噪声的估计拼接到每个观测上，在 Aurora4 任务中取得了很突出的效果。最近，Kashiwagi 等人[191]在 DNN 识别器使用 SPLICE 特征增强技术[82]，DNN 输出层由没有噪声的数据决定，而在 Seltzer 等人[325]的工作中，DNN 输出层是由加噪数据决定的。

除了 DNN，研究者们也提出了其他用于特征增强和噪声鲁棒性语音识别的深度网络架构。例如，Mass 等人[235]使用深度回归自动编码器网络来消除输入特征中的噪声。模型是由加噪和无噪并行的语音特征训练，用来在有噪输入的条件下预测无噪声特征，实验设置与 SPLICE 相似，不同之处是使用深度模型替代 GMM。Vinyals 和 Ravuri[379]研究了噪声鲁棒性语音识别的串联（tandem）方法，其中 DNN 用噪声数据直接训练并生成后验特征。最后 Rennie 等人[300]探索使用一种 RBM 来做噪声鲁棒性识别，称为因子化隐 RBM。

7.1.4 DNN 的输出表示

在语音识别和其他信息处理应用中，大多数深度学习方法在没有过多考虑输出表示的情况下，着眼于从输入声学特征来学习表示上。最近 2013 NIPS 关于学习输出表示的研讨会（http://nips.cc/Conferences/2013/Program/event.php? ID = 3714）致力于弥补这一不足。例如，将在第 11 章讨论的深度视觉语义向量模型（Deep Visual-Semantic Embedding Model）[117]，利用从文本向量中得到的连续值输出表示，来帮助深度网络对图像进行分类。文献 [79] 强调了在语音识别中为神经网络输出层设计有效的语言表示的重要性。

现在，大多数的 DNN 系统使用高维的输出层表示，来匹配 HMM 中上下文相关的音素状态。由于这个原因，输出层的计算会消耗总计算时间的 1/3。为了提高解码速度，通常将低秩近似（low-rank approximation）应用到输出层。在文献 [310] 和 [397] 中，首先训练高维输出层的 DNN。然后应用奇异值分解（Singular Value Decomposition，SVD）对输出层矩阵进行降维。输出矩阵进一步合并，用两个小矩阵乘积作为原始大权值矩阵的近似结果。这种技巧实质上将原始高维输出层转换为两层——一个瓶颈线性层和一个非线性输出层——两者都具有很小的权重矩阵。降维转换后的 DNN 被进一步优化。实验结果表明，即使输出层大小减少一半，识别率也不会降低，同时也会大幅度减少计算时间。

文献 [79] 中提出，语音识别的输出表示可以从符号或音系单位结构化的设计中获益。众所周知，人类语音具有丰富的符号本质音素结构。同样的，长久以来，在工程应用的语音识别系统中，使用音素或更精细的状态序列，即使上下文相关，也不足以表示这种丰富的结构[86,273,355]。因此，符号或音系单位的设计也是提高语音识别系统性能的有价值的研究方向。文献 [76] 和最近的文献 [79] 综述了语音内部结构的基本理论和语音识别技术的相关性，例如语音模型输出表示的确定、设计与学习。

在语音识别中，着眼于设计与语言结构相关的输出表示，成为基于深度学习的语音识别中越来越热的研究方向。文献 [383, 384] 论证了基于上下文相关的音素单元的局限并提供了一种解决方案[67,68]。这种限制的根本原因是，由决策树创建的一个类中所有的上下文相关音素状态共享一套参数，这就降低了解码阶段更细粒度状态的分辨能力。提出的解决方案是：上下文相关 DNN 的输出表示，作为标准状态建模（canonical state modeling）技术的一个实例，其中采用了更广泛的音素类。首先，使用更广的上下文将三音素聚类为多个更小的两音素集合。然后，训练 DNN 以区分这些两音素集合。使用逻辑回归将标准状态转换为三音素状态输出概率。也就是说，上下文相关 DNN 输出层表示的总体设计是自然的分层结构，同时解决了数据稀疏性问题和低分辨率问题。

语音识别中，设计输出层语言表示的相关工作可以参考文献 [197] 和 [241]，这些设计是在 GMM-HMM 语音识别系统中，但同样可以扩展到深度学习模型中。

7.1.5 基于 DNN 的语音识别器自适应

DNN-HMM 是 20 世纪 90 年代人工神经网络和 HMM 混合系统的升级版本，这期间出现了很多自适应技术，其中大部分是基于对输入层或输出层的网络权值的线性变换。许多基于 DNN 的自适应探索性研究使用和上面相同或相近的线性变换方法[223,401,402]。然而，与早期的窄层和浅层神经网络系统相比，DNN-HMM 的参数个数明显变多，这是因为 DNN-HMM 需要更深更宽的隐层结构和更多的上下文相关的音素和状态输出。这种不同给 DNN-HMM 系统的自适应提出了新挑战，尤其是在自适应中数据较少的情况下。这里我们将讨论在大规模 DNN 系统下最新的几个具有代表性的研究，这些研究旨在克服上述的挑战。

Yu 等人[430]提出了 DNN 正则化（regularized）自适应技术。通过强制自适应模型估计出来的分布与自适应前的接近，来适当地修正权值。这个约束通过对自适应规则增加 Kullback-Leiblers 散度（Kullback-Leibler Divergence，KLD）正则化来实现。这种正则化方法与传统误差反向传播算法修正目标分布是等价的，因此 DNN 模型训练过程几乎不用做改动。新的目标分布由自适应之前的模型分布的插值和真实数据与自适应数据的对齐得到。这种插值通过防止自适应模型远离说话人无关模型，从而避免过训练（overtraining）。这种正则化的自适应方法与 L2 正则化不同，L2 正则化限制模型参数本身而非输出概率。

在文献 [330] 中，DNN 自适应不在传统的网络权值上，而是在隐层激活函数上进行。因为这种方法仅需要对一定数量的隐层激活函数进行自适应，所以有效地克服了现有基于线性变换自适应方法依赖于输入或输出层权值的弱点。

我们注意到，一些无监督或半监督的自适应 DNN 声学模型的方法也取得了成功[223,405]。

最近，Saon 等人[317]探索了一种对语音识别自适应十分有效的新方法。这种方法将 I-vectors 特征和特征域最大似然线性回归（feature-domain max-likelihood linear regression，fMLLR）特征进行组合作为 DNN 的输入。I-vectors（Identity vectors）通常用于说话人确认和说话人识别，该方法可以将说话人的相关信息封装为一个低维特征。而 fMLLR 是 GMM-HMM 系统自适应的一种非常有效的技术。由于 I-vector 不服从频率的局部性，因此必须与服从频率局部性的 fMLLR 特征进行组合才能发挥效力。多尺度的 CNN-DNN 架构拥有组合不同类型特征的特性。因此在解码阶段和训练阶段，特定说话人的 I-vector 特征都附加到帧级的 fMLLR 特征之后。

7.1.6 更好的架构和非线性单元

最近几年中，自从全连接（fully-connected）DNN-HMM[67,68,109,161,257,258,308,309,324,429]混合系统的巨大成功之后，研究者们提出了许多新架构和非线性单元，并评估了它们在语音识别中的功效。这里，我们将对这些工作的发展进行综述，作为对文献[89]中综述的扩充。

Yu 等人[421,422]介绍了 DNN 的张量（tensor）版本，对传统的 DNN 进行了扩展，使用双投影层和张量层替代 DNN 中的一层或多层。在双投影层，任一输入向量投影到两个非线性的子空间。在张量层，两个子空间投影相互作用，在整个深度架构中共同预测下一层。一种方法是将张量层映射到传统的 sigmoid 函数层，因此前者就可以像后者一样进行处理和训练。由于这种映射，张量型的 DNN 可以看成是对 DNN 使用双投影层进行扩充，这样后向传播学习算法便可以清晰地推导，也相对容易实现。

和上述相关的一个架构是第 6 节介绍的张量型 DSN，它可以有效地应用到语音分类和识别领域[180,181]。采用同样的方法将张量层（即 DSN 上下文的许多模块的顶层）映射到传统的 sigmoid 函数层。这种映射再一次简化了训练算法，使其并不偏离 DSN。

如 3.2 节的讨论，时域卷积的概念源于延时神经网络（time-delay neural network，TDNN），并作为一种浅层神经网络[202,382]在早期语音识别中得到了发展。最近，研究者发现应用深层架构（如深度卷积神经网络 CNN）后，在高性能音素识别任务中，当 HMM 用来处理时间可变性时，频率域权值共享比之前类似 TDNN 中的时域权值共享更为有效（TDNN 不使用 HMM）[1,2,3,81]。这些研究也说明合理的设计池化（pooling）策略，并结合"dropout"正则化技术[166]，可以对声道长度不变性和语音发音之间的区分性进行有效折中，从而达到更好的识别结果。这些工作进一步指出：使用池化和卷积在混合的时域和频域里，对贯穿整个语音动态特性的轨迹区分性和不变性进行折中，是一个重要的研究方向。此外，最近的研究报告[306,307,312]也显示，大词汇量连续语音识别也可以从 CNN 中受益。这些研究进一步说明：使用多个卷积层，且卷积层使用大量卷积核或特征映射时，会有更大的性能提升。Sainath[306]广泛探索了许多深度 CNN 的变种。在和许多新方法的结合下，深度 CNN 在一些大词汇量语音识别任务上取得了领先的结果。

除了 DNN、CNN、DSN 和它们对应的张量版，许多其他深度模型在语音识别领域也得到了应用和发展。比如，深度结构的 CRF，它具有很多堆叠的 CRF 层，也有效地应用到了语种识别[429]、音素识别[410]、自然语言处理中的序列标注[428]、语音识别中的置信度校正[423]等许多任务。最近，Demuynck 和 Triefenbach[70] 发展了深度 GMM（deep GMM）架构，DNN 强大的性能得到借鉴并应用到构建分层的 GMM。他们的研究表明，结构"变深与变宽"，同时将底层 GMM 的加窗概率输入到高层 GMM 中，深度 GMM 系统的性能足以与 DNN 相比。GMM 空间的一个优点是：数年以来在 GMM 上的自适应和判别式学习方法仍然适用。

或许最值得注意的深度结构是回归神经网络（RNN）及其堆叠或深度版本[135,136,153,279,377]。尽管 RNN 最早在音素识别[304]中取得成功，但由于其训练的错综复杂性，很难推广，更不用说应用在大规模的语音识别任务上了。此后，RNN 的学习算法得到很大的提升，也获得了更好的结果，特别是双向长短时记忆（Bi-directional Long Short-Term Memory，BLSTM）单元的使用。双向 RNN 的信息流和 LSTM 的基本单元分别如图 7.3 和 7.4 所示。

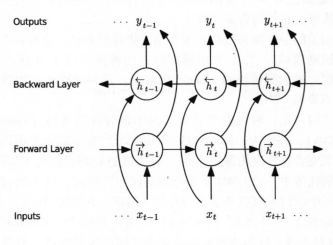

$$\overrightarrow{h}_t = \mathcal{H}\left(W_{x\overrightarrow{h}}x_t + W_{\overrightarrow{h}\overrightarrow{h}}\overrightarrow{h}_{t-1} + b_{\overrightarrow{h}}\right)$$

$$\overleftarrow{h}_t = \mathcal{H}\left(W_{x\overleftarrow{h}}x_t + W_{\overleftarrow{h}\overleftarrow{h}}\overleftarrow{h}_{t+1} + b_{\overleftarrow{h}}\right)$$

$$y_t = W_{\overrightarrow{h}y}\overrightarrow{h}_t + W_{\overleftarrow{h}y}\overleftarrow{h}_t + b_y$$

图 7.3 双向 RNN 的信息流，给出了示意图和数学公式。W 是权值矩阵，图中没有标注出来（参考文献 [136]，@IEEE）

图中词语翻译对照表

Output	输出
Backward Layer	后向层
Forward Layer	前向层
Inputs	输入

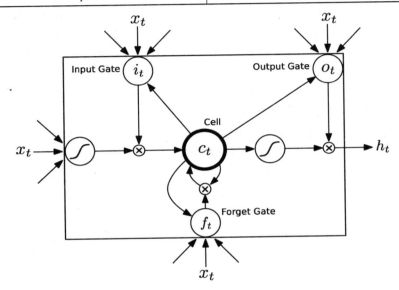

$$i_t = \sigma\left(W_{xi}x_t + W_{hi}h_{t-1} + W_{ci}c_{t-1} + b_i\right)$$
$$f_t = \sigma\left(W_{xf}x_t + W_{hf}h_{t-1} + W_{cf}c_{t-1} + b_f\right)$$
$$c_t = f_t c_{t-1} + i_t \tanh\left(W_{xc}x_t + W_{hc}h_{t-1} + b_c\right)$$
$$o_t = \sigma\left(W_{xo}x_t + W_{ho}h_{t-1} + W_{co}c_t + b_o\right)$$
$$h_t = o_t \tanh(c_t)$$

图 7.4　RNN 中 LSTM 单元的信息流，给出了示意图和数学公式。W 是权值矩阵，图中没有标注出来（参考文献 [136]，@IEEE）

图中词语翻译对照表

Input Gate	输入门
Output Gate	输出门
Forget Gate	忘记门
Cell	单元

　　众所周知，由于梯度消失或者爆炸的问题[280]，学习 RNN 的参数十分困难。Chen 和 Deng[48,85] 开发了一种原始-对偶（primal-dual）的训练方法，它

将 RNN 的学习问题抽象为标准的优化问题，通过最大化交叉熵，限制 RNN 的循环矩阵小于固定的值，从而保证动态 RNN 的稳定性。在音素识别的实验结果如下：（1）原始-对偶技术对训练 RNN 非常有效，优于早先限制梯度的启发式方法。（2）使用 DNN 计算的高层语音特征作为 RNN 的输入，相比没有使用 DNN，其识别精度更高。（3）当从高层到低层提取 DNN 特征时，识别精度逐渐下降。

RNN 的一种特殊形式是储藏模型（reservoir models）或回响状态网络（echo state network），其中将普通 RNN 中的输出层非线性单元改为固定的线性单元，权值矩阵是精心设计而非训练学习所得。由于参数学习的困难性，输入矩阵也是固定的，并非学习而来。只有隐层和输出层之间的权值矩阵是通过学习而来。由于输出是线性的，全局优化有封闭形式的解，所以参数学习非常高效。但是因为许多参数并非学习得到，所以隐层必须足够大才能获得足够好的结果。Triefenbach[365]将这种模型应用到音素识别，获得了不错的识别精度。

Palangi 等人[276]提出了一个上述储藏模型的改进版。在该模型中，之前固定的输入和回归矩阵都是通过学习得到的。之前模型使用线性输出（或"读出"readout）去简化 RNN 输出矩阵的学习。而且，他们提出了一种利用储藏模型的线性输出学习输入矩阵和回归矩阵的特殊技术。与训练一般 RNN 的时间误差反向传播算法（backpropagation through time，BPTT）相比，这个技术给利用线性输出单元特性给 RNN 中不同的矩阵增加了限制，替换 BPTT 的递归梯度，以可分析的形式学习信号来计算梯度。

除了上面介绍的最近用于语音识别的深度学习模型之外，近来在设计和实现更好的非线性单元上也不断涌现出新的研究工作。尽管 sigmoid 和 tanh 是 DNN 最常用的非线性单元，但它们的缺点也很明显。例如，当网络单元在两个方向都接近饱和时，梯度变化很小，整个网络的学习变得很慢。Jaitly 和 Hinton[183]为了克服 sigmoid 单元的缺点，最先在 DNN 语音识别中使用整流线性单元（Rectified Linear Units，ReLU）。ReLU 是指在网络中使用形如 $f(x) = max(0, x)$ 的激活函数。Dahl[65]和 Mass[234]成功地在大词汇量语音识别上应用 ReLU，当结合 ReLU 和正则化技术 dropout 时获得最好的识别精度。

最近提出的另一种在语音识别上有用的 DNN 单元是"最大输出"（maxout）单元，它用于构建深度最大输出网络，如文献［244］所述。一个深度最大输出网络由多层以 maxout 为激活函数的单元组成，在一组固定输入权值上进行最大化（或称 maxout）操作。这与之前讨论的语音识别和计算机视觉中的最大池化（max pooling）类似。每一组最大值作为前一层的输出。最近，Zhang 等人[441]将 maxout 单元推广为两类，第一种 soft-maxout 将原来的最大化操作替换为 soft-max 函数；第二种 p-norm 单元使用非线性的 $y = \|x\|_p$。实验表明，p-norm 单元使用 $p = 2$ 时，比 maxout、tanh 和 ReLU 单元效果都好。

Gulcehre 等人[138]提出了自动学习 p-norm 的方法。

最后，Srivastava 等人[350]提出另一类新的非线性单元，称作 winner-take-all 单元。他将临近的神经元之间的竞争纳入前向网络结构，之后使用不同的梯度进行反向传播训练。Winner-take-all 是一种非常有趣的非线性单元的形式，它建立了神经元组（通常为 2 个），在一组之中，除了最大值神经元，其他所有神经元都为 0 值。实验表明，使用这种非线性单元的网络比标准的 sigmoid 非线性网络具有更好的记忆性。这种新型非线性单元还有待于在语音识别任务上评测。

7.1.7 更好的优化和正则化

近期深度学习应用到语音识别声学模型上取得了重大进步的另一个领域是优化准则和方法，及其相关的避免深度网络过拟合的正则化技术。

微软研究院在早期 DNN 语音识别的研究中[260]，首先认识到了传统 DNN 训练过程中要求的错误率和交叉熵训练准则（cross-entropy training criterion）之间的不匹配问题。解决方法是：使用基于全序列的最大互信息（Maximum Mutual Information，MMI）为优化目标，代替帧级的交叉熵训练准则，在和 HMM 结合的浅层神经网络中也使用同样的方法定义训练目标。同样的，这等价于在 DNN 的顶层加上条件随机场（Conditional Random Field，CRF），代替原有 DNN 中的 softmax 层（注意这篇论文中将 DNN 称为 DBN）。这个新的序列化判别式学习技术也用来联合优化 DNN 权值、CRF 转移权值和二音素（bi-phone）的语言模型。这里要注意的是，该语音任务数据集为 TIMIT，使用一个简单二元音素的类语言模型。二元语言模型的简单性在于，它允许全序列的训练而不需要网格（lattice），大幅度降低了训练的复杂度。

作为文献［260］中另外一个全序列训练方法（full-sequence training method）的动机，我们注意到，早期的 DNN 音素识别任务是使用交叉熵——静态分类任务的标准帧级目标函数，去优化 DNN 权值的。HMM 中状态转移参数和语言模型的训练与 DNN 权值训练独立。但是，众所周知，在 HMM 的研究历史中，序列化分类准则对提高语音识别和音素识别率非常有帮助，因为序列化分类准则与性能评测方法（例如音素或词错误率）比帧级交叉熵准则的相关性更强。更确切地说，使用帧级交叉熵准则训练音素序列识别的 DNN 时，没有显式的考虑在给帧分配音素标注概率分布时相邻帧之间距离更小。为了克服这个缺点，在给定全部可见句子或等价的 DNN 提取的隐层特征序列时，可以优化整个标注序列的条件概率。为了优化训练数据对数域的条件概率，反向梯度可以由激活函数参数、转移参数和低层的网络权值获得，然后在句子级进行误差反向传播算法。我们注意到在更早的研究[212]中，结合了 CRF 类似结构和神经网络，其数学形式把 CRF 作为一个特例。此外，使用全序列分类准则的优势在更早的浅层神经网络中已经得到证实[194,291]。

在实现文献［260］中描述的上述 DNN 系统的全序列学习算法时，DNN 网络权值使用帧级的交叉熵初始化。转移概率结合 HMM 转移矩阵和二元音素语言模型得分进行初始化，并在联合优化前通过固定 DNN 权值调节转移矩阵参数得到进一步优化。使用联合优化并加以细心的调度以减少过拟合，全序列训练比帧级训练的 DNN 性能相对提高 5%[260]。如果不采取减少过拟合的措施，MMI 准则训练的 DNN 比帧级交叉熵准则更容易陷入过拟合。这是因为训练集、开发集和测试集数据帧级之间的相关性可能不同。更重要的是，这种不同在使用帧级目标函数训练时并未出现。

对于使用更复杂语言模型的大词汇量语音识别，优化全序列的 DNN-HMM 训练变得更加复杂。Kingsbury 等人[195]通过使用并行二阶的 Hessian-free 优化训练技术，使得上面的优化方法第一次在大词汇量语音识别中得以实现。Sainath[305]通过减少 Krylov 子空间求解器的迭代次数对 Hessian-free 技术进行了提升和加速，Krylov 子空间用于 Hessian 的隐式估计。他们还采用了采样的方法减少训练数据以加速训练。随着分批形式、二阶的 Hessian-free 技术成功用于训练全序列的大规模的 DNN-HMM 系统，一阶随机梯度下降方法最近也被成功的应用[353]。人们发现需要启发式搜索来处理网格（lattice）的稀疏性，即 DNN 必须通过基于帧的交叉熵训练额外的迭代进行调整，以更新之后的分子网格。而且，在分母网格中需要加入人工的静音弧，或者最大互信息的目标函数需要通过帧级交叉熵目标做平滑。该研究的结论是：尽管本质上目标函数和得到梯度算法相同，但对于使用稀疏网格的大词汇量连续语音识别，实现全序列的训练要比小任务需要更多的工程技巧[260]。Vesely[374]在大词汇量语音识别任务的全序列训练 DNN-HMM 实验中，也给出了同样的结论。但是，与之不同的启发式规则[353]在训练中却相当有效。另外，Wiesler[390]研究了训练具有交叉熵目标 DNN 的 Hessian-free 优化方法，并给出了这些方法的经验性性质。最后，Dognin 和 Goel[113]在进行序列训练 DNN 时，结合了随机均匀梯度和 Hessian-free 优化方法，相比于单独的 Hessian-free 序列训练方法，该方法成功地将训练收敛时间减少一半。

对大规模 DNN-HMM 系统而言，无论是采用帧级还是序列优化目标，为了充分利用大量训练数据和大模型，训练加速是十分必要的。除上述方法外，Dean 等人[69]提出了在超大词汇量语音识别中使用异步随机梯度下降（Asynchronous Gradient Descent，ASGD）方法、自适应梯度下降（Adaptive Gradient Descent，Adgrad）和大规模受限存储 BFGS（L-BFGS）方法。Sainath 在文献［312］中，对一系列加速训练和 DNN 语音识别的优化方法进行了综述。

7 语音和音频处理中的应用

除了上述侧重于完全有监督的优化（即所有训练数据都有标注）外，也有研究 DNN-HMM 语音识别系统中半监督的训练方法。Liao 等人在文献[223]中报告了一项非常有挑战的研究，在 YouTube 语音上使用半监督方法训练 DNN-HMM，其主要技术是使用称为"置信岛（island of confidence）"的启发式过滤方法选择训练片段。另外，Vesely[374]也探索了 DNN 的半监督训练，使用自训练（self-training）作为句子级和帧级置信选择的基本策略。由混淆网络生成每帧的置信度进行帧级选择是有益的。Huang[176]汇报了半监督训练的另一种方法，使用多系统的组合和置信度重新校准（recalibration）来选择训练数据。此外，Thomas[362]克服了在一系列少资源情景中缺乏声学模型所需的训练数据问题。他们采用带有抄本的多语种数据和半监督训练方法，训练一个特征提取前端，用于后续语音识别任务。

最后，我们看到了最初由 Hinton 等人[166]提出的正则化方法"dropout"在基于深度学习的语音识别中新的发展。过拟合在 DNN 训练中很容易出现，DNN 的多层激励也易于相互适应（co-adaptation）去拟合输入声学数据。Dropout 是限制相互适应的技术，它的具体操作如下：对每个训练实例，每个隐层单元都随机地以一定概率（如 $p=0.5$）被忽略，随后除了简单的缩放 DNN 权重外（通过因子 $1-p$），解码正常完成。或者，DNN 权值的缩放可以在训练阶段完成（缩放因子 $1/(1-p)$）。Dropout 正则化的好处是，训练 DNN 的过程时使隐层单元仅受自身激励影响，而不依赖其他的单元，并提供了一种在不同网络中求其平均模型的方法。这些优点在训练数据有限时或者当 DNN 网络大小比训练数据要大的多时最为明显。Dahl 等人[65]将 Dropout 策略和 ReLU 单元一起使用，但仅在全连接的 DNN 的一些高层中应用 dropout。Seltzer 和 Yu[325]将 dropout 应用到噪声鲁棒的语音识别。Deng 等人[81]从另一方面入手，将 dropout 应用到卷积神经网络的所有层，包括高层的全连接层、低层局部连接的卷积层和池化（pooling）层，并发现在卷积神经网络中 dropout 率需要大幅降低。

后续关于 dropout 的应用包括 Miao 和 Metze 的工作[243]，他们在少资源数据稀疏条件下使用 DNN 进行语音识别。最近，Sainath 等人[306]将 dropout 和一些新技术相结合，在一系列大词汇量语音识别任务上获得了领先的结果。这些新技术包括：深度 CNN、Hessian-free 序列化学习、ReLU 单元、fMLLR 和滤波器组特征等。

下面对本小节做简短总结。2010 年左右，研究者对深度学习在语音分析和识别领域的成功进行了报告，自此以后，深度学习又取得了长足的发展。我们看到，在这个主题上的研究工作和论文发表的爆炸性增长，看到它在语音识别领域激动人心的巨大成功。我们预计基于深度学习的语音识别研究继续不断壮大，至少在近期将会快速成长。很公平的说，基于深度学习的大规模语音识别的不断成功（截止到 ASRU-2013 会议召开）是促使深度学习方法应用到其他领域的关键因素，我们会接着在第 8～11 章继续讨论深度学习在其他研究领域的成功应用。

7.2 语音合成

除了语音识别之外，深度学习的影响已经延伸到语音合成领域，目的在于克服统计参数合成（statistical parametric synthesis）中基于高斯-隐马尔可夫模型和基于决策树（decision tree）的模型聚类等传统方法上的缺点。语音合成的目的是直接从文本（或其他信息）生成语音。2013 年 5 月，ICASSP 会议上第一次出现了相关的论文。为了改善基于隐马尔可夫模型并建立在"浅层"声学模型上的统计参数语音合成系统，这次会议汇报了四种不同的基于深度学习的语音合成方法。我们首先介绍相关的背景知识，再对这些方法进行简要回顾。

统计参数语音合成出现在 20 世纪 90 年代中期，是现在语音合成领域的主导技术。文献［364］是近年来工作的一个概述。这种方法使用一组随机生成式的声学模型来对文本和对应的声学实现之间的关系进行建模。最受欢迎的生成式声学模型是基于决策树聚类与上下文相关的隐马尔可夫模型，并假设 HMM 每一状态的输出满足高斯分布。在基于 HMM 的语音合成系统中，使用一个统一的上下文相关的 HMM 框架来对频谱、激励以及时长等声学特征同时进行建模。在合成阶段，给定一个待合成文本，文本分析模块先从中提取上下文相关的要素序列，包括语音学、韵律音韵学、语言和语法上的描述信息。给定上下文相关的要素序列后，就会生成一个与输入文本对应的句子级上下文相关的隐马尔可夫模型，模型参数是由遍历决策树确定的。声学特征的预测，需要在静态特征和动态特征的约束下从句子级的 HMM 中最大化它们的输出概率。最后，将预测出的声学模型送入到一个波形合成模块来重构出语音波形。多年来，这种标准方法生成的语音与自然语音相比往往是沉闷且模糊不清的，这可能是由于基于浅层结构的 HMM 对声学模型建模不充分导致的，近来的一些研究尝试通过深度学习方法来克服这些不足。深度学习技术的一个重要优势在于，它们通过使用一个生成式（如 3.2 节中讨论的 RBM 和 DBN）或区分性（如 3.3 节中讨论的 DNN）模型框架，使其对高维随机向量单元之间的内在联系或者映射关系产生强大的表征能力。因此，人们希望使用深度学习技术来克服语音合成使用传统浅层模型在声学建模方面的限制。

最近，研究者们进行了一系列探究，使用深度学习方法来克服上述方法的限制，这一思路来自于人类语言产生的内在分层过程以及本章前面介绍的深度学习方法在语音识别上的成功应用。在凌震华等人[227,229]的研究中，RBM 和 DBN 作为生成式模型替代了传统高斯模型，在合成语音的主观和客观评测中都取得了显著的提升。在文献［190］中，DBN 作为生成式模型来表征语言特征与声学特征的联合分布，决策树和高斯模型被 DBN 所替代。这种方法与使用 DBN 生成数字图像（digit images）的方法很相似。语音合成中通过使用较大的音节规模单元来解决语音中特有的时间序列建模问题（图像中不存在这样的问题）。另一方面，与前面使用的生成式深度模型（RBM 和 DBN）相比，文献［435］中的研究利用深度神经网络（DNN）的区分性模型来表征给定语言特征时声学特征的条件概率分布。在文献［115］中，DNN 的区分性模型作为一种特征提取器从原始声学模型中提取高层结构的信息。在完整的语音合成系统中，这样的 DNN 特征用作第二阶段中从上下文特征中预测韵律轮廓目标的输入。

深度学习在语音合成的应用才刚刚开始，在不久的将来会有更多关于该领域的研究工作。

7.3 音频和音乐处理

与语音识别类似，最近在音频和音乐处理领域，深度学习也成为一个很重要的研究内容。2009 年见证了深度学习在语音识别上的第一次重大事件，接下来也有一系列相关活动，包括 2012 年 ICASSP 会议上对深度学习进行的全面概述，以及同年在 IEEE 音频、语音与语言处理会刊（语音识别最重要的刊物）上的专刊。而深度学习在音频和音乐上的第一个重大事件是在 2014 年 ICASSP 会议上的特别专题，题目为"用于音乐的深度学习（Deep Learning for Music）"[14]。

在音频和语音处理领域，受深度学习影响的研究主要包括音乐信号处理和音乐信息检索[15,22,141,177,178,179,319]。在这两个方面，深度学习面临着一些独特的挑战。音乐音频信号不是按照真实时间（real time）组织的，而是以音乐时间（musical time）组织的时间序列，它随着韵律和情感的变化而变化。测量的信号通常是多个声音的混合，这些声音在时间上是同步的，在频率上是交叠的，是短时和长时相关的混合。影响因素包括音乐的传统、风格、作曲以及演绎。音乐音频信号的高复杂度和多样性使得其信号表征问题能够很好地使用深度学习这一感知和生理驱动的技术所提供的高度抽象（high levels of abstraction）。

Lee 等人[215]在早期的音频信号工作中，用 RBM 组成卷积结构来构建 DBN。在时间上通过隐节点共享权重形成卷积层，来检测时间不变性（invariant）特征。然后进行最大池化（max-pooling）处理，获得短时隐节点领域内的最大激励，产生一些短时不变特征。这种卷积 DBN 应用在音频和语音的很多任务上，包括音乐艺术家和流派的分类、说话人识别、说话人性别分类以及音素分类，都取得了不错的效果。

最近 RNN 也被用于音乐处理上，使用 ReLU 隐藏节点代替传统的非线性逻辑回归和双曲正切函数[22,40,41]。在 7.2 节中，ReLU 节点通过计算 $y = \max(x, 0)$ 产生更稀疏的梯度，这样在训练中不易发散（RNN 训练的常见问题）而且速度很快。RNN 主要应用于音乐中和弦的自动识别任务上，这类研究在音乐信息检索领域里很受欢迎。使用 RNN 结构的目的是利用它强大的动态系统建模能力。RNN 通过隐层中自连接的神经元来形成内部记忆，这个性质使得 RNN 可以很好地模拟时间序列，比如说频谱的帧序列或者和弦进行中的和弦标注（chord labels in a harmonic progression）。充分训练之后，RNN 就可以在给定前面时刻结束的条件下来预测下一时刻的输出。实验结果表明，基于 RNN 的自动和弦识别系统和现有的最好方法水平相当[275]。RNN 可以学习基本的音乐属性，包括瞬时连续性、谐波成分和瞬时动态性等。无论音频信号是含糊不清的、带噪的还是很难区分的，RNN 都可以有效地检测出大多数音乐的和弦序列。

Humphrey 等人[179]在最近的一篇综述论文中，对基于内容的音乐信息学（music informatics）做了详细地分析，特别研究了该领域进展缓慢的原因。得出的结论是：手工特征设计是一种次优解并且无法持久，浅层结构的能力本质上是有限的，而且，短时分析并不能对音乐中有意义的结构特征进行编码。这些结论推动了深度学习方法在自动特征学习中的应用。采用特征学习方法，使得最优化音乐检索系统的内部特征表示成为可能，甚至可以自动发现特征，这是因为深层结构具有很适用于音乐层级特性的特点。最后，我们回顾一下 van den Oord 等人[371]的最新工作：用深度学习方法实现基于内容的音乐推荐。自动音乐推荐技术在实际应用中变得日渐重要和实用。大多数推荐系统依赖于协同过滤，这种算法受限于冷启动问题，在没有数据可用时就会失败。这样，协同过滤就不能有效地推荐最新的或一些冷门歌曲。而深度学习使用潜在因素模型进行推荐，如无法从可用数据中获得潜在因素时，就从音乐音频中对其预测。一种传统的用词袋（bag-of-words）表征音频信号的方法与深度 CNN 进行了严格对比，实验结果表明，使用深层 CNN 的潜在因素模型产生的推荐内容更为合理。这个研究证明了卷积神经网络和丰富的音频特征相结合的方法可以在基于内容的音乐推荐中获得更好的结果。

与语音识别和语音合成一样，不久以后，深度学习在音乐和音频信号处理领域将产生更多的成果。

8

在语言模型和自然语言处理中的相关应用

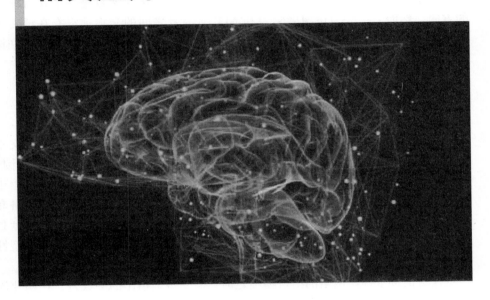

近年来，在信号处理领域中，语言、文档和文本处理的研究越来越受欢迎，被 IEEE 信号处理学会的语音和语言处理技术委员会指定为重点研究领域之一。在该领域中，深度学习最开始应用在语言模型（Language Model，LM）上，其目标是为任意的单词或者其他语言符号（例如，字母、字符、音素等）提供概率。自然语言处理（NLP）和计算语言学也处理词语或者其他语言符号的序列问题，但是任务更加多样化（例如：翻译、句法分析、文本分类等），它们的重点不是为语言符号提供概率。这两者的联系是，语言模型往往是自然语言处理系统中很有用的组成部分。在自然语言处理领域的应用是目前深度学习研究中最活跃的部分，并且 NLP 研究者们认为，深度学习是一个很有前途的方向。然而，迄今为止深度学习和 NLP 研究者之间的交集远没有在语音或者视觉应用领域大。这可能是因为相比该领域内最先进的方法，深度学习在语音或视觉目标识别上的优势还没在 NLP 应用上体现得那么明显。

8.1 语言模型

语言模型（LM）是很多应用成功的关键，这些应用包括语音识别、文本信息检索、统计机器翻译以及 NLP 的其他任务。语言模型中传统参数估计技术都基于 N 元文法计数的方法。尽管我们已经知道 N 元文法的缺点，但由于许多领域的研究者们专注于此，因此 N 元文法依然是主流技术。神经网络和深度学习方法的出现显著降低了语言模型的困惑度（perplexity），而困惑度是应用在一些基准任务上[245,247,248]的一种常用的（不是最终的）度量语言模型性能的方法。

在讨论基于神经网络的语言模型之前，需要特别指出的一点是，在构建深度递归结构的语言模型中使用了分层贝叶斯先验[174]。特别地，Pitman-Yor 过程用作贝叶斯先验，构建了一个深层（四层）的概率生成式模型。通过结合自然语言的幂律（power-law）分布，为语言模型的平滑提供了一种原则性的方法。已经在第 3 章中指出，这种先验知识嵌入在生成式概率模型构建上比在基于区分性神经网路的模型构建上更容易实现，而在降低语言模型困惑度上得到的结果远没有基于神经网络的语言模型获得的结果好。下面，我们来讨论这个问题。

在语言模型中使用（浅层）前馈神经网络已经有很长的历史了[19,26,27,433]，这种方法被称为神经网络语言模型（NNLM）。最近，文献[8]在语言模型中使用了 DNN。语言模型抽取自然语言中的词语序列分布，并用其显著统计特性的函数来表示。给定前面出现的词，它可以计算下一个词的概率预测。为了降低维度灾难（curse of dimensionality）的影响，NNLM 利用神经网络的能力学习词的分布式表示。早期的 NNLM 使用前馈神经网络结构，按照下面的步骤进行计算：N 元文法 NNLM 使用先前固定长度的 $N-1$ 个词作为输入，每个词使用非常稀疏的 $1/V$ 标注进行编码，V 是词典的大小。使用在历史信息不同位置共享的投影矩阵，词的 $1/V$ 正交表示线性地投影到一个更低的维度空间。这种词语的连续空间、分布式表示的方法叫做"词嵌入"（word embedding），这与常见的符号或者局部化表示很不同[26,27]。通过投影层后，使用一个非线性激活函数的隐层，非线性函数可以是双曲正切函数或者逻辑 S 型函数。隐层之后是神经网络的输出层，输出节点的数量与完整词表的大小相同。神经网络训练后，输出层的激活就表示 N 元文法语言模型的概率分布。

NNLM 较传统的基于计数的 N 元文法语言模型的主要优势在于，历史信息不再严格的是先前 $N-1$ 个词，而是整个历史信息到某种低维空间上的投影。这降低了待训练模型的参数数量，并对相似的词序列历史进行自动聚类。与基于类别（class-based）的 N 元文法语言模型相比所不同的是，NNLM 将所有的词投影到低维空间，这样就可以得到词之间更多维度上的相似度。另一方面，NNLM 与 N 元文法相比，计算复杂度更大。

下面我们从分布式表示的观点分析 NNLM 所具有的优势。符号的分布式表示是描述符号含义的特征向量，向量中的每一个元素都参与了符号含义的表示。有了 NNLM 之后，研究者们就可以将研究重点放在发现有意义的、连续实值的特征向量的学习算法上。基本的想法是，用一个连续实值的特征表示来关联词典里的每一个词，这在研究领域中被称为"词嵌入"。这样，每一个单词对应于特征空间里的一个点。我们可以认为空间里的每一维对应于词的一个语义或语法特征。我们期望的是，功能相似的词语在特征空间中离得更近，至少在某些维上是这样。这样词序列就可以转化为学习到的特征向量序列。神经网络学习的是特征向量序列到序列中下一个词的概率分布的映射关系。LM 的分布式表示方法的优点在于其推广能力，它可以对不在训练词序列集合中的序列生成性能很好的分布式特征表示。这是因为神经网络能将相似的输入映射到相似的输出上，具有相似特征词序列的预测映射到相似的预测上。

上述 NNLM 的思想已经在很多研究中得以运用，其中一些涉及了深层结构。NNLM 中分层结构输出的做法是为了处理大词汇表[18,262]。在文献 [252] 中，语言模型使用了瞬时因子化 RBM。与传统 N 元文法模型不同，因子化 RBM 不仅将上下文的词进行分布式表示，而且对待预测词进行了同样的处理，文献 [253] 将此方法推广到了更深层结构。随后在 NNLM 上使用"深层"结构的工作包括 [205，207，208，245，247，248]，例如，Le 等人[207]使用结构化的输出层（Structured Output Layer，SOUL）描述 NNLM，语言模型的处理深度集中在神经网络的输出表示上。图 8.1 是 SOUL-NNML 的结构示意图，在神经网络的输出层上使用了层级结构，神经网络的其余部分与传统 NNLM 具有**相同的结构**。网络输出词表的层级结构是聚类树的形式，如图 8.1 右图所示，每个词只属于其中的一类，位于决策树的一个叶子节点上。层级结构的优点在于 SOUL-NNLM 可以使用完整的大词表训练 NNLM，这与传统 NNLM 中只能对少量词汇进行有效训练相比是一个很大优势。

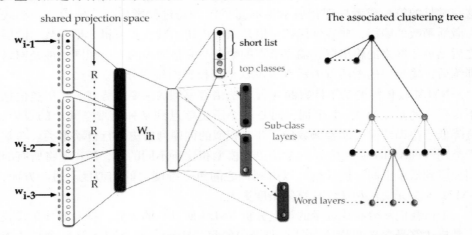

图 8.1　神经网络输出层中具有分层结构的 SOUL-NNLM 架构
（参考文献 [207]，@ IEEE）

图中词语翻译对照表

Shared projection space	共享映射空间
Short list	短列
Top classes	顶类
Sub-class layer	子类层
Word layer	词层
The associated clustering tree	关联聚类树

另外一个使用基于神经网络语言模型的例子参见文献 [247, 248, 245]，它们使用了递归神经网络（RNN）去构建大规模的语言模型，称为 RNNLM。对于语言模型来说，前馈结构和递归结构的主要区别是表示词历史的方法不同。对于前馈 NNLM 来说，历史词仍然只是前面若干个词。而对于 RNNLM 来说，在训练过程中可以从数据中学习到历史词的有效表示形式。RNN 的隐层表示前面所有的词历史，而不仅仅是前面 $N-1$ 个词，这样从理论上讲模型可以表征长时上下文模式。RNNLM 更重要的一个优点是能够表征词序列中更高级的模式，例如，依赖于在历史中可变位置出现的词语，这些模式就可以使用

8 在语言模型和自然语言处理中的相关应用

递归结构更有效地进行编码。也就是说，RNNLM 可以简单地在隐层状态上记忆一些特定的词，而前馈 NNLM 需要使用一些参数来表示词在历史词汇中的每一个特定位置。

RNNLM 使用沿时间反向传播算法进行训练[245]，图 8.2 所示为在训练过程中 RNN 是怎样展开为一个深层前馈网络的（在时间上回退三个时间单位）。

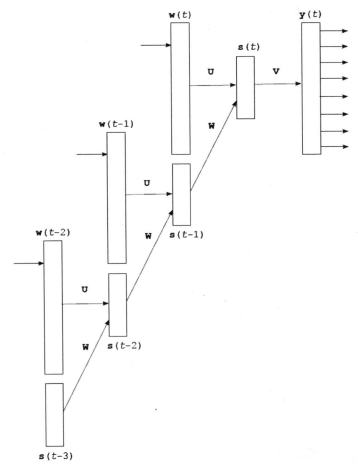

图 8.2　在训练过程中 RNN 展开为一个深层前馈网络
（参考文献［245］中图 3.2）

在 RNN 的训练中，通过截断增长的梯度，RNNLM 训练获得了稳定性和快速收敛性。人们也开发了 RNNLM 的自适应算法，根据训练数据的相关性进行排序并且在处理测试数据时训练模型。文献［247，248，245］中的经验性比较都表明，RNNLM 与其他基于 N 元文法的流行方法相比，在困惑度上具有更好的效果。

文献［153，357］中的 RNNLM 使用的单位是字（character）而不是词。展示了很多有趣的性质，比如预测长时依赖（例如在段落中打左右引号）。然而，以字为单位而不以词为单位在实际的应用中的效果还不是很明确，因为在自然语言处理中，词仍然是一种强力的表示。在语言模型中，将词语变为字符可能会限制大多数实际应用场景，训练也会变得困难。目前，词级模型仍然保持着优势。

在最近的工作中，Mnih 和 Teh[255] 以及 Mnih 和 Kavukcuoglu[254] 为 NNLM 开发了一种快速简单的训练算法。尽管 NNLM 极具优越的性能，但由于训练时间比较长，因此它不如标准 N 元文法语言模型的使用广泛。噪声对比估计（Noise-Contrastive Estimation，NCE）算法[139]可以让 NNLM 训练速度更快，而且时间复杂度与词汇量的大小无关；它在 NNLM 的输出层中使用了一个扁平而非树的结构。NCE 的思想是：使用非线性回归来区分观测数据和人为噪声。也就是说，为了估计观测数据密度模型里的参数，要去学习区分数据分布的样本和已知噪声分布的样本。作为一种重要的特例，NCE 对于非规范的分布非常有效（比如，不受分母中分配函数的影响）。为了高效地将 NCE 应用在 NNLM 的训练中，Mnih 和 Heh 以及 Mnih 和 Kavukcuoglu 等人首次将学习问题公式化表示，在判分函数中将目标函数表示为词的分布，这样 NNLM 就可以看作是一种使用判分函数量化历史词和下一个候选词兼容性的方法。训练 NNLM 的目标函数就变成了判分函数的指数函数，用一个常量对所有可能的词进行归一化。已经证实，通过移除计算繁琐的归一化因子，NCE 可以将 NNLM 的训练过程加快一个数量级。

最近与 NCE 相似的方法也用在文献［250］中，这种方法叫做负采样（negative sampling）。它应用在 NNLM 的简化版本中，是为了构建词嵌入而非计算词序列的概率。词嵌入在 NLP 应用中是一个重要的内容，我们接下来将详细讨论。

8.2 自然语言处理

多年以来，机器学习一直都是自然语言处理（NLP）的主要工具。然而在 NLP 中，机器学习的使用大多数都仅限于从文本数据中人为设计的表示（和特征）权重的数值优化。深度学习或表征学习的目的是自动从原始文本中学习能广泛适用于各种 NLP 任务的特征或表征。

最近，基于深度学习方法的神经网络在很多 NLP 任务上都取得了不错的效果，比如语言模型、机器翻译、词性标注、命名实体识别、情感分析和复述检测（paraphrase detection）。深度学习方法最吸引人的方面是它们能够出色地完成这些任务，而不用额外的人为设计的资源和耗时的特征工程。为此，深度学习开发和使用了一个重要的概念——"嵌入"（embedding），指用连续实值向量来表示自然语言文本中词级、短语级甚至是句子级的符号信息。

早期的一些工作[62,63,367]已经凸显了词嵌入的重要性，虽然这起先只是文献［26］中语言模型的副产品。原始的基于符号的词表示可以通过神经网络从高维的 1/V 编码稀疏向量（例如，V 是词表的大小或者其二次方甚至三次方）转化为低维实值向量，由随后的神经网络层进行处理。连续空间表示词或者短语的主要优点是其分布特性，这可以对相同含义的词语表示进行共享或聚类。这种共享是不可能在用高维 1/V 编码来表示词语的原始符号空间进行的。词的上下文作为神经网络中的学习信号，并使用无监督学习方法进行训练。Socher 等人[338,340]提供了一些不错的教程，解释了神经网络是如何训练来得到词嵌入的。最近一些研究工作提出了训练词嵌入的新方法，它结合了局部或全局的上下文文档，可以更好地获取词的语义信息；同时通过学习每个词的不同嵌入方式，很好地解释了同音异义和一词多义现象。文献［245］同样证明了 RNN 可以在词嵌入的训练中获得更好的性能。NNLM 主要目的是为了预测上下文中的下一个词，并产生了词嵌入这样的副产品，这是一种获得词嵌入更简单的方法，而且不用进行词预测。Collobert and Weston[62]等人的研究证实，和 NNLM 中通常需要的规模庞大的输出节点不同，训练词嵌入的神经网络需要的输出节点要少得多。

在词嵌入早期的工作中，Collobert 和 Weston 等人将卷积神经网络作为一个通用模型同时去解决一系列经典的问题，包括词性标注、断句、命名实体识别、语义角色识别以及相似词识别。在最近的文献［61］中，基于深层递归卷积结构，研究者提出了一种更快、区分性更强的方法来做语义分析。Collobert 等人[63]对统一神经网络结构和相关的深度学习算法在解决"从零开始做 NLP"的问题上的应用做了详细的综述，摒弃了传统 NLP 的特征提取方法。这一系列工作的目的是尽量避免与特定任务相关的人工特征工程，同时提供自动从深度学习中获取灵活统一的特征，而这些特征适用于所有的自然语言处理任务。文献［63］中汇报的系统，在多种 NLP 任务中，可以从大量无标注的训练数据中学习到内在表征或词嵌入。

Mikolov 等人最近的工作简化了 8.1 节中 NNLM 获取词嵌入的过程。NNLM 可以通过两个步骤进行训练。首先使用一个简单模型学习到连续词向量，模型消除了神经网络上层的非线性误差，所有词共享投影层。其次，在词向量之上训练一个 N 元文法 NNLM。这样，去掉 NNLM 的第二步后，使用一个简单的模型去学习词嵌入，这样就可以使用大量的数据了。因此产生了一个称为连续词袋模型（Continuous Bag-Of-Words，CBOW）的词嵌入模型，如图 8.3 左所示。由于在语言模型中目标不再是计算词序列的概率，词嵌入系统可以更有效，不仅仅能够基于上下文预测当前词，而且能够进行反演预测（inverse prediction），这称为跳跃文法模型（skip-gram），如图 8.3 右所示。作者后续的工作[250]中，将跳跃文法模型的词嵌入系统扩展成一种更快的学习方法，称为负采样（negative sampling），与 8.1 节中讨论的 NCE 相似。

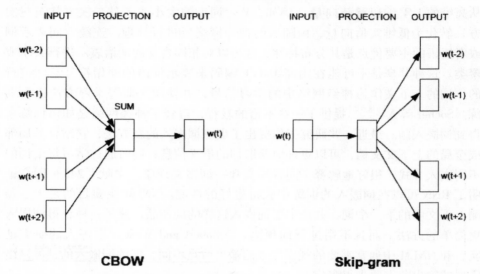

图 8.3　左图为 CBOW 架构；右图为 Skip-gram 构架
（参考文献 [246]，@ ICLR）

图中词语翻译对照表

INPUT	输入
PROJECTION	映射
OUTPUT	输出
CBOW	连续词袋模型
Skip-gram	跳跃文法模型

与此同时，Mnih 和 Kavukcuoglu 等人[254]证实了轻量级词嵌入 NCE 训练是一种更高效、词表征质量更好的训练方法，这与 8.1 节中 Mnih 和 Teh 等人提出的轻量语言模型有些相似。因此，过去依赖大量硬件和软件架构才能得到的结果，现在可以在单台桌面计算机上用很少的编程工作和更少的时间和数据来获得。最近的工作也表明，在表征学习上，NCE 只需五个噪声样本就足够了，比语言模型中要求的少很多。作者也用了一种"反演语言模型"（inversed language model）去计算词嵌入，与在文献［250］中跳跃文法模型使用的方法相似。

Huang 等人意识到早期词嵌入工作的局限性，即这些模型只是使用了局部上下文，而且每个词采用一种表示。为此，他们扩展了局部上下文模型，使得模型可以结合整句或者整个文档的全局上下文。这些扩展模型可以通过学习每个词的多种嵌入方式，解决同音异义和一词多义问题，如图 8.4 所示。该研究组早期的工作[344]使用局部上下文的递归神经网络去建立一个深层结构。尽管缺少全局上下文，基于从原始特征学习到的语义信息，这个网络仍然具有合并自然语言的词语的能力。这种深度学习的方法在自然语言句法分析应用上的效果很好。在自然场景图像解析任务上，这种方法的效果也取得了成功。其他相关的研究，比如在复述检测（paraphrase detection）[346]和从文本预测情感分布中也使用了类似的递归深层结构[345]。

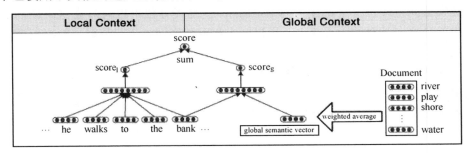

图 8.4

图 8.4 展示了扩展的词嵌入模型，使用了递归神经网络，同时考虑了局部和全局上下文。全局上下文从文档中提取出来，并放到全局语义向量中，作为原始局部上下文词嵌入模型输入的一部分。本图来自于文献［169］中图 1。（参考文献［169］@ ACL）

图中词语翻译对照表

Local context	局部上下文
Global context	全局上下文
score	分数
document	文档
sum	求和
global semantic vector	全局语义向量
weighted average	加权平均

现在我们讨论深度学习方法（包括神经网络结构和词嵌入）应用在实际 NLP 任务上的工作。机器翻译是研究人员多年以来一直探索的一个典型的 NLP 任务，多年的研究集中在浅层统计模型上。文献［320］的工作或许是第一个全面的基于词嵌入的神经网络语言模型的成功应用，该工作针对大型机器翻译任务，可以在 GPU 上进行训练，解决了计算复杂度高的问题，可以在 20 小时内训练 5 亿个词。该工作获得了很好的结果：词嵌入神经网络语言模型与最好的回退语言模型（back-off LM）相比，困惑度从 71 下降到 60，对应的 BLEU 分数提高了 1.8%。

文献［121，123］是将深度学习方法应用在机器翻译上的最近的研究工作。在该工作中，短语翻译模块（而不是机器翻译系统中的语言模型模块）被具有语义词嵌入的神经网络模型所替换。图 8.5 为这种方法中的结构，成对的源短语（标注为 f）和目标短语（标注为 e）被映射到低维潜在语义空间的连续实值向量表示上（标注为两个 y 向量）。翻译分数可以通过在这个新的空间中的计算向量对的距离获得。通过两个深度神经网络进行映射，网络权重可以从平行训练语料训练得到。学习的目标是直接最大化端对端的机器翻译质量。在两个标准的 Europarl 翻译任务上（英语-法语和德语-英语）的实验评测结果表明，新的基于语义短语的翻译模型大大的提高了基于短语的统计机器翻译系统的性能，在 BLEU 上提高了 1%。

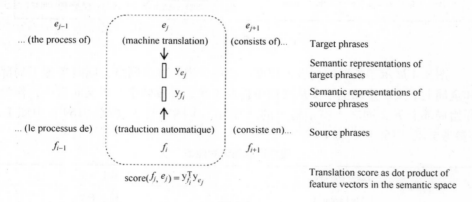

图 8.5

图 8.5 为文献［122］中的机器翻译系统示意图。源（标注为 f）和目标（标注为 e）平行短语被映射为连续实值向量表示（标注为两个向量 y）。翻译分数通过在这个连续空间上的向量距离来计算。通过两个深度神经网络（标注为两个箭头）进行映射，网络权重可以从平行训练语料训练得到。

8 在语言模型和自然语言处理中的相关应用

图中词语翻译对照表

Target phrase	目标短语
Source phase	源短语
Semantic representation of target phase	目标短语的语义表示
Semantic representation of source phase	源短语的语义表示
Translation score as dot product of feature vector in the semantic space	翻译分数作为语义空间中特征向量的内积

Schwenk[320]提出了另外一种和上述方法相关的机器翻译方法。在该方法中，基于短语的机器翻译系统中的翻译模型概率估计通过神经网络进行计算。短语对的翻译概率可以通过神经网络生成的连续空间表示学习得到。该方法做了一个简化：一个短语或句子的翻译概率被分解成 N 元文法语言模型中 N 元文法概率的乘积。相比之下，Gao[122,123]等人的方法则不使用原始语言和目标翻译语言短语间的联合表示。

文献［249］提出了另外一种基于深度学习的机器翻译方法。在其他方法中，一种语言的语料库中的词与同一语料库另外一种语言的词相比，双语数据中具有相似统计特征的词和短语认为是对等的。而文献［249］提出了一种新的方法，可以自动生成从一种语言转换成另外一种语言的词典和短语列表。它不依赖于不同语言相同文档的语料，相反，它用数据挖掘技术去建模源语言的结构，然后与目标语言的结构进行比较。通过学习大规模单语数据的语言结构对缺失单词和短语进行翻译，然后把他们映射到少量双语数据语言之间。这是基于前面讨论的基于向量的词嵌入，它能学到源和目标语言向量空间之间的一个线性映射关系。

文献［111］是早期应用基于 DBN 的深度学习技术去解决机器音译（transliteration）问题的研究，这是一个比机器翻译简单得多的任务。这种深层结构及其学习应该可以推广到更困难的机器翻译问题上，但是目前还没有此类后续的工作。作为另外一个早期的 NLP 应用，Sarikaya 等人[318]应用 DNN（论文中称为 DBN）去处理基于自然语言的呼叫路由（call-routing）任务。DNN 使用无监督学习方法发现多层的特征，然后用来最大化区分性。与随机初始化权重的神经网络相比，无监督特征使得 DBN 很少出现过拟合，无监督学习可以使多层神经网络的训练更容易。研究表明，与其他广泛应用的学习技术（如最大熵和基于 Boosting 的分类器）相比，DBN 可以获得更好的分类结果。

深度学习方法在 NLP 中最有趣的应用之一是知识库（本体）补全（knowledge based (ontology) completion），该任务在问答（question-answering）和其他 NLP 应用中起着举足轻重的作用。文献［37］是这方面早期的工作，它引入了自动学习知识库结构化分布式嵌入（structured distributed embeddings）的方法。连续值向量空间的表示是紧凑的，并且可以从大量实体和关系数据中有效学习到。它使用了一种专门的神经网络结构，即一种生成式"连接"（Siamese）网络的推广。接下来的工作[36]集中在多关系数据的学习中，提出了一种语义匹配能量模型，可以同时学习实体和关系共同的向量表示。文献[340]中使用了另外一种方法，基于神经张量网络（neural tensor network），解决关系分类任务中的大型联合知识图谱的推理问题。知识图谱表示为两个实体之间的三元组关系，在这一基础上，作者提出了一种适合在这些关系上做推断的神经网络结构。他们提出的是一种神经张量网络，只有一层。网络用固定维度的向量表示实体，可以通过平均预训练的词嵌入向量获得。图 8.6 是神经张量网络的图例，用虚线框表示两个张量模型。文献[340]的实验结果表明，这种张量模型可以有效的区分 WordNet 和 FreeBase 中一些不可见（unseen）的关系。

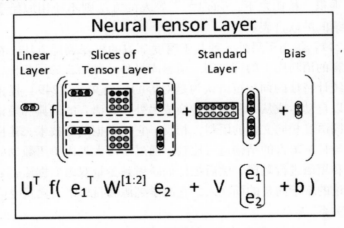

图 8.6

图 8.6 为文献[340]中的神经张量网络，两种关系表示为两个张量层。张量层标记为 $W^{[1:2]}$；网络包含双线性张量层，直接与两个实体向量（标记为 e_1，e_2）相关联。一个虚线框表示一个张量层。（参考文献[340]，@NIPS）

图中词语翻译对照表

Neural Tensor Layer	神经张量层
Linear Layer	线型层
Slices of Tensor Layer	张量层切片
Standard Layer	标准层
Bias	偏置

最后我们要介绍的是深度学习在 NLP 上另外一个成功的应用：Socher 提出的将递归生成模型应用于情感分析[347]。在这里，情感分析是指通过一个算法从输入文本信息中推断积极或者消极的情绪。正如我们本章之前讨论的，由神经网络获得的语义空间中的词嵌入很有用，但是很难用一种有原则的方法来表达长短语的含义。情感分析的输入通常是很多词和短语，嵌入模型需要组合（compositionality）属性。为了做到这一点，Socher[347] 等人提出递归神经张量网络，每一层的建立与文献［340］中描述的神经张量网络模型一样，如图 8.6 所示。整个网络具有组合属性的递归的构建，依据了文献［344］中介绍的常规非张量网络。在一个精心设计的情感分析数据库上进行训练后，递归神经张量网络在多个指标上都比以前的方法要好。新模型将目前在单句上正/负情绪分类的精度从 80% 提升到 85.4%。对所有短语预测的精细粒度的情感标签（fine-grained accuracy labels）正确率达到了 80.7%，比特征袋（bag-of-features）基线系统提高了 9.7%。

9

信息检索领域中的应用

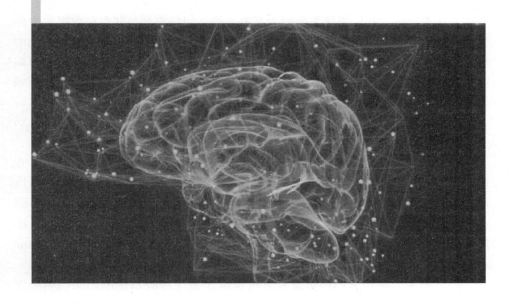

9.1 信息检索简介

信息检索（Information Retrieval，IR）是指用户向包含了很多文档的计算机系统输入一条查询（query），系统返回相关文档的集合。我们把信息需求的正规描述称为查询，就像搜索引擎中的搜索字串。在信息检索中，一次查询并不是匹配到集合中的单一文档，而是根据不同的相关度匹配到许多文档。

一个文档，有时称之为对象，不仅包括了文本文档，还包括图片、音频（音乐或语音）或者视频。文档是包含了信息的实体，并作为数据库中的一个实体。在本章中，我们将对象限制为文本文档。用户查询与储存在数据库中的文档进行匹配。文档本身并不直接保存在信息检索系统中，它们通常在系统中用元数据（metadata）的形式表示。典型的信息检索系统计算每个文档对查询匹配程度的分数，然后根据分数进行排序，排名靠前的文档会展示给用户。如果用户想要修订查询，上述这个过程会迭代下去。

如文献［236］所述，通常的信息检索方法可以作以下分类：

（1）布尔检索：一个文档是否匹配一个查询。

（2）代数方法检索：用模型把文档和查询表示为向量、矩阵或元组。查询向量和文档向量的相似度可以表示为一个标量。对于一个查询，根据相似度产生一个排序的文档列表。常用的模型和方法包括：向量空间模型（vector space model），基于主题的向量空间模型（topic-based vector space model），扩展的布尔模型（extended boolean model）和潜在语义分析（latent semantic analysis）。

（3）概率方法检索：将信息检索过程看作是一种概率推测。文档与给定查询之间的相似度通过概率来表示，然后用此概率值来对文档进行排序。常用的模型和方法包括：二进制独立模型（binary independence model），采用BM25相关函数的概率相关模型，具有不确定性和概率的语言模型推理方法（http://en.wikipedia.org/wiki/Uncertain_inference）和潜在狄利克雷分配（latent Dirichlet allocation）。

（4）基于特征方法检索：在这类方法中，文档可以看作特征函数值的向量。使用"学习排序"（learning to rank）的方法，通过组合这些特征得到一个相关性分数，特征函数可以是文档和查询的任意函数，因此可以容易地将基于特征的方法和几乎任何其他检索模型结合起来，它不过被当成了另外一种特征。

关于信息检索方面的深度学习应用大多是最近才提出的，基于目前的文献，这些方法大多是基于特征的。深度网络主要用来为后续文档排序阶段提供语义特征。我们将会在这一章的剩余部分里回顾最近文献中的几个研究工作。

9.2 用基于深度自编码器的语义哈希方法对文档进行索引和检索

我们在这里讨论的"语义哈希"方法应用在文档索引和检索的论文发表在文献［159］和［314］中。采用基于前向传播的近似算法，深度置信网络的最后一层的隐变量不但易于推断，而且比起广泛使用在信息检索中的潜在语义分析和传统 TF-IDF 方法，它能根据字频特征（word-count features）给每个文档一种更好的表示。通过深度自编码器生成的紧致码，可以使原本语义相近的文档在物理位置上靠近。当文档被映射到内存地址上时，文档检索的速度也随之加快。这种通过神经网络将字频向量映射成紧致码的方法是十分高效的，因为在网络的编码器部分每一个隐层中，仅做一次矩阵乘法，然后做 Sigmoid 函数估计。

在文献［165］中讨论了用于上述目的的一个深层置信网络生成式模型。简单地说，深层置信网络最底层代表了一个文档的字频向量，顶层代表了这个文档学习得到的二进制码（即紧致码）。深层置信网络的顶部两层是无向连接的，其余几层建立了一个自顶至下的有向贝叶斯（或称置信）网络。这个深层置信网络由第 5 章中介绍的堆叠式受限玻尔兹曼机所组成，产生了一个前向编码网络，将字频向量转化成紧致码。以相反的顺序组成这些玻尔兹曼机，得到解码网络，将紧致码映射重组为字频向量。将编码器和解码器组合就得到了为文档编码和序列检索服务的深度自编码器。

深度模型训练完后，检索程序将每个查询目标在带有阈值的模型上进行前向传递，从而使其映射成为一个 128 位的二进制码，继而非常高效地计算出查询目标和所有文档（尤其是在语义空间上相似的"临近"文档）的 128 位二进制码的汉明距离。高效是因为在哈希表中只需查找相邻的位向量。与这里所讨论的编码文本文档用于信息检索的同一思想，也用在了音频文档的检索和语音特征的编码问题上。这些问题最初是在文献［100］中提到的，在第 4 章中已经详细讨论过。

9.3 文档检索中的深度结构语义模型

本节中我们将讨论一种最近提出的更为先进的方法，它基于一种特殊的深度结构，用于大规模的文档检索（网络搜索），我们称之为深度结构语义模型或深度语义相似模型（Deep Semantic Similarity Model，DSSM），发表于文献

[172]中。在文献[328]中，可以找到该模型的卷积版本，即卷积深度语义相似模型（CDSSM）。

利用现代搜索引擎对网页文档检测主要通过文档关键词与查询关键词匹配的方法进行。然而，一个概念在文档或查询中往往因为用词和语言风格的不同而导致字串匹配的结果不准确。在关键字匹配不奏效的情况下，潜在语义模型能够将查询匹配到语义级别上的相关文档。这些模型把出现在相似语境下的不同术语按照同一语义簇进行分类，用这种方法解决网页文档和查询之间的语言差异。因此，一次查询和某个文档（在低维语义空间分别用两个向量来表示）即使不包含相同的术语，也可能具有很高的相似度。人们提出了诸如概率潜在语义模型（probabilistic latent semantic model）和潜在狄利克雷分配（latent Dirichlet allocation）模型的概率主题模型以解决上述部分语义匹配的难题。然而，这些模型对信息检索效果的改进并没像最初期望的那样显著。主要因为：（1）大多数流行的潜在语义模型都是基于线性映射，无法有效地建模具有复杂语义属性的文档；（2）这些模型通常使用与检索任务的评测标准耦合度不高的目标函数，并在无监督的方式下进行训练。为了改进信息检索中的语义匹配问题，前人通过两方面的研究来扩展上述潜在语义模型。一方面是前面9.1节中提到的基于深度自编码器[165,314]的语义哈希方法。在此方法中，虽然通过深度学习方法可以提取出隐含在查询目标和文档中的分层语义结构，但是模型采用的深度学习方法仍然是一种无监督学习方法，此方法的模型参数优化以重建文档为目的，而不是为了将文档在给定查询的情况下依相关性进行区分。这导致的结果是，深度神经网络并没有比基于关键字匹配的信息检索基线模型好很多。另一方面的研究，称为点击数据（click-through data），利用包含一系列查询和对应的浏览过（点击过）的文档数据来进行语义建模，进而消除查询和网页文档的语言差异[120,124]。这些模型以适合文档排序为目标，用浏览过的数据进行训练。然而，这些基于浏览数据训练出的模型仍然是线性的，因此存在表现力不够的问题。所以要获得比基线明显好的性能，这些模型需要与关键字匹配模型（比如BM25）进行结合才行。

在文献[172]中提到的DSSM方法目的在于通过结合两方面的工作来克服它们的缺点。DSSM用深度神经网络结构来捕捉查询目标和对应文档的复杂语义属性，并将一个文档集合与给定的查询进行排序。简单来说，非线性映射首先将查询和文档映射到一个通用语义空间（common semantic space），然后，计算文档与给定查询在这个语义空间里对应向量之间的余弦相似度。用点击的数据来训练深度神经网络，使得在给定查询条件下，对应点击过的文档的条件似然达到最大。与前面的用无监督方法训练的潜在语义模型不同，DSSM直接为网页文档的排序进行优化，因此可以得到更好的性能。此外，该文献还提出一个新的词哈希(hashing)方法,用于在网页搜索应用中处理大量词汇问题,它将高维字串(high-dimensional term)向量映射到低维 N 阶字母向量上,而且基本没有信息损失。

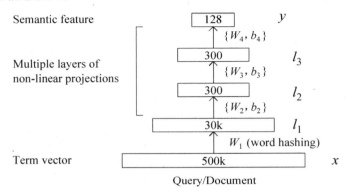

图 9.1 在 DSSM 结构中的 DNN 部分。在语义空间中用 DNN 来将查询和文档的高维稀疏文本特征映射到低维密集特征。

(参考文献[172],@ CIKM)

图中词语翻译对照表

Semantic feature	语义特征
Multiple layers of non-linear projections	多层非线性映射
Word hashing	词哈希
Term vector	术语向量
Query/Document	查询/文档

图 9.1 展示了在 DSSM 结构中的 DNN 部分。在语义空间中,用 DNN 将高维稀疏文本特征映射到低维密集特征上。第一个隐层包含 30k 个节点,来完成词哈希过程。文本哈希特征通过多个非线性网络层进行映射。这个 DNN 最后一层的网络激励构成了语义空间的特征。

为了解释图 9.1 中 DNN 每层的计算步骤,我们定义 x 为输入向量,y 为输出向量,l_i,$i=1,\cdots,N-1$,为中间的隐层,W_i 为第 i 个投影矩阵,b_i 为第 i 个偏置向量。我们得到:

$$l_1 = W_1 x$$

$$l_i = f(W_i l_{i-1} + b_i), \quad i > 1$$

$$y = f(W_N l_{N-1} + b_N)$$

式中,tanh 函数用在了输出层和第 l_i 个隐层上,l_i,$i=2,\cdots,N-1$。

$$f(x) = \frac{1 - e^{-2x}}{1 + e^{-2x}}$$

查询 Q 和文档 D 的语义相关度分数用如下的余弦距离来计算

$$R(Q, D) = \text{cosine}(y_Q, y_D) = \frac{y_Q^T y_D}{\| y_Q \| \ \| y_D \|}$$

式中，y_Q 和 y_D 为查询和文档的概念向量。在网络搜索时，给定一个查询，通过文档的语义相关度分数来将文档排序。

图 9.1 中的 DNN 权重值 W_i 和 b_i 的学习是文献［172］的重要贡献。当 DNN 应用在语音识别中时，标注的训练数据是比较容易找到的，然而在 DSSM 中，DNN 并没有这样明确定义的标注信息。因此，为了用浏览过的网络查询记录作为训练数据来训练 DSSM 中 DNN 的权值，损失函数需要以信息检索为中心进行改造，而不是将通常的交叉熵或均方误差作为训练时的目标函数。

浏览过的日志记录包括查询和查询对应的文档。查询通常与浏览过的文档相关度更高，与未浏览过的文档较低，这个弱监督信息可以用来训练 DSSM。DSSM 中权值矩阵 W_i 是通过最大化给定查询所对应的已浏览文档的后验概率得到的。

$$P(D \mid Q) = \frac{\exp(\gamma R(Q,D))}{\sum_{D' \in D} \exp(\gamma R(Q,D'))}$$

式中，$R(Q, D)$ 为查询 Q 和文档 D 的语义相关度分数。γ 为一个保留（held-out）数据集上经验性的平滑因子，D 为待排序候选文档的集合。理论上，D 应包含所有可用的文档，正如语音识别中最大互信息的训练中所有负标注都应被考虑到一样[147]，但在网络级别上得到 D 是不可能的。根据语音识别中最小分类错误（MCE）训练中的惯例[52,118,417,418]，文献［172］中描述的关于实现 DSSM 学习方法使用了负标注的子集。换句话说，对于每对查询 Q 和对应的文档 D^+，通过 D^+ 和 4 个随机选择的未浏览文档来估计集合 D，得到 $\{D_j^-; j=1,\cdots,4\}$。文献［172］指出，用不同的采样策略来选择未标注文档没有很大的差别。

通过上述简化，DSSM 的参数以最大化给定查询条件下浏览过的文档的似然概率来估计得到。

$$L(\Lambda) = \log \prod_{(Q,D^+,D_j^-)} P(D^+ \mid Q)$$

式中，Λ 为 DSSM 中 DNN 权值 $\{W_i\}$ 的参数集合。如图 9.2 所示，整个 DSSM 的结构包含了多个 DNN。这些 DNN 共享相同的权值，但输入不同的文档（一个正相关和多个负相关）来训练 DSSM 的参数。关于 DNN 中文档和查询权值中近似损失函数梯度计算的细节发表于文献 [172] 中，这里不再详述。

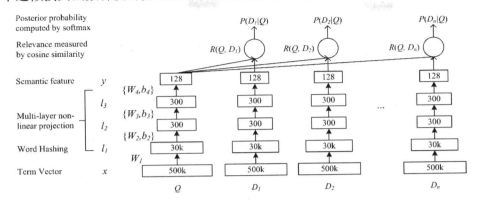

图 9.2 文档检索中 DSSM 的结构（来自文献 [170，171]）。所有 DNN 共享权重。n 个文档表示用随机的负样本简化训练过程。（参考文献 [172]，@CIKM）

图中词语翻译对照表

Posterior probability computed by softmax	Softmax 计算的后验概率
Relevance measured by cosine similarity	用余弦相似度计算的相关性
Semantic feature	语义特征
Multiple layers of non-linear projections	多层非线性映射
Word hashing	词哈希
Term vector	术语向量

最近，前文所述的 DSSM 被扩展到了卷积形式，即 C-DSSM。它将上下文中语义相似的词映射到卷积结构的上下文特征空间中相近的向量上。由于一个句子的整体语义通常由一些关键词来确定，因此 C-DSSM 使用一个附加的最大池化（max pooling）层来提取最显著的局部特征，从而形成一个固定长度的全局特征向量。该向量输入到余下的非线性 DNN 层中，将它映射到共享语义空间（shared semantic space）中的一个点。

图 9.3 展示了 C-DSSM 的卷积神经网络的组成成分，其中图示卷积层的窗长为 3。C-DSSM 的结构与图 9.2 中 DSSM 相似，不同点仅在于，C-DSSM 用带有局部连接的捆绑权值和附加最大池化层（max pooling layer）的卷积神经网络代替了全连接的 DNN。图 9.3 中的模型部分包含了 4 个部分：（1）词哈希层，它将词转换到 3 阶字（letter-tri-gram）向量，这如同 DSSM 中的方法一样；（2）卷积层，它为每个上下文窗口提取局部上下文特征；（3）最大池化层，它提取并合并局部显著特征来组建全局特征向量；（4）语义层，它代表

输入词序列的高级语义信息。

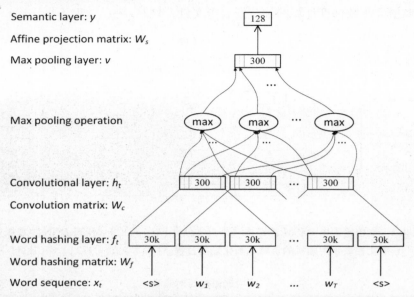

图 9.3 C-DSSM 中的卷积神经网络组成部分。卷积层的窗长为 3。
(参考文献 [328], @WWW)

图中词语翻译对照表

Semantic layer	语义层
Affine projection matrix	仿射投影矩阵
Max pooling layer	最大池化
Max pooling operation	最大池化处理
Convolutional layer	卷积层
Convolutional matrix	卷积矩阵
Word hashing layer	词哈希层
Word hashing matrix	词哈希矩阵
Word sequence	词序列

  C-DSSM 使用卷积结构的主要动机是，它可以将变长词序列映射到潜在语义空间中的一个低维向量上，这与之前那些模型将查询和文档当作词袋（bag-of-words）的情况是不一样的，查询或文档在 C-DSSM 中被看作是有上下文结构的词序列。通过使用卷积结构，首先对 N 阶词（n-gram）级别上的局部上下文信息进行建模。然后，局部显著特征被组合起来用于构建全局特征向量。最后，词序列的高级语义信息被提取出来组成全局向量。和 DSSM 类似，C-

DSSM 也在浏览的数据上训练，并使用反向传播算法最大化给定查询条件下的浏览过文档的条件似然值。

9.4 信息检索中深度堆叠网络的应用

第 6 章中讨论的深度堆叠网络（DSN）最近在信息检索方面也进行了研究并取得了有意义的结果。实验结果表明，基于 DSN 中"相关"与"不相关"二值决策计算的分类错误率，不仅与 DSN 的训练目标高度相关，而且与在传统信息检索质量评估中广泛使用的归一化衰减累计增益（NDCG）相关。但是，这种相关性在高质量的信息检索（high IR quality）任务中并不成立。

如第 6 章所述，以均方误差（MSE）作为 DSN 训练的目标，将简化 DSN 的训练，并在很大程度上促进了 DSN 在图像识别、语音识别和语音理解上的成功应用。均方误差（MSE）和分类错误率（CER）在这些语音和图像应用上的关联性很强。然而，在信息检索领域中，以均方误差（MSE）作为训练目标函数和理想目标（例如归一化衰减累计增益 NDCG）之间的差异，远比上述传统分类任务中均方误差（MSE）和理想目标（分类错误率 CER）之间的差异大得多。导致差异变大的原因很多，比如，用 NDCG 作为理想信息检索目标函数时，由于它是一个参数高度不平滑函数，这与传统分类任务中的均方误差和分类错误率之间的非线性关系区别很大。因此，我们感兴趣的是去理解：当信息检索中的相关度作为 DSN 的预测目标时，NDCG 与分类错误或者 MSE 之间的相关性如何？更进一步来讲，DSN 在学习上的进化这一优点能否被应用到在信息检索任务中，从而提升如 NDCG 之类的信息检索指标。在文献 [88] 中，我们的实验结果为上述两个问题提供了正面的回答。此外我们也指出，从分类应用到信息检索应用时，DSN 的学习算法在实施时需要加倍关注。

文献 [88] 实验中的信息检索任务是与广告部署相关的赞助搜索。除了原始的网络搜索结果，商业搜索引擎也附加了与赞助商相关的搜索结果来反馈用户的查询。赞助搜索结果从一个汇集了广告商信息的数据库中选择合适的广告商，将他们的广告投放在搜索结果页面上。给出一个查询，搜索引擎会从数据库中检索出相关的广告，然后排序，并把它们显示在搜索结果页面合适的位置，比如在搜索结果页面的顶部或右边。查找一个查询相关的广告与普通的网页搜索十分相似。举例来说，尽管文档来自一个有限的数据库，但任务仍像典型的搜索排名一样，以预测和输入查询相关的文档为目标。这个实验首次将基于 DSN 结构的深度学习技术用在了广告相关的信息检索问题上。实验得到的初步结果是：以 MSE 为 DSN 的训练目标函数和以 NDCG 为信息检索质量评估方法，两者间具有密切的相关性。

10

在目标识别和计算机视觉中的应用

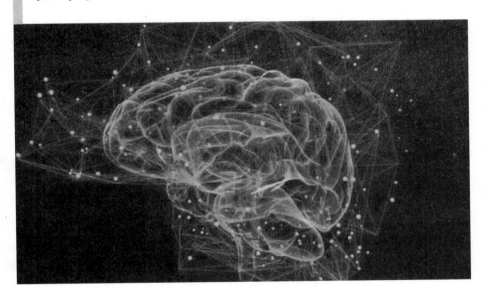

在过去的两年里，深度学习技术在计算机视觉相关领域的研究中，尤其是在目标识别方面取得了巨大进展，从而使得深度学习在该领域的成功应用获得普遍认可。这也是继语音识别领域之后，深度学习技术获得成功应用的第二个领域，而有关语音识别方面的内容我们此前在第 2 章和第 7 章已经讨论过。

这方面，值得推荐的关于深度学习在计算机视觉方面近期研究进展的综述已收录在 NIPS-2013 的会议文献指南中 https：//nips. cc/Conferences/2013/Program/event. php？ID = 4170，其视频资源 http：//research. microsoft. com/apps/video/default. aspx？id = 206976&l = i 和 PPT 资源 http：//cs. nyu. edu/~fergus/presentations/nips2013_ final. pdf。在 CVPR-2012 的会议文献指南中也有相关主题的讨论（http：//cs. nyu. edu/~fergus/tutorials/deep_ learning_ cvpr12）。本章接下来所涉及的一些内容和评述便是基于上述会议文献指南的部分内容并与书中前几个章节的内容进行关联。此外，另一值得推荐的参考文献来源于近期一篇关于深度学习在计算机视觉中应用的博士学位论文[434]。

多年来，计算机视觉中的目标识别任务长期依赖某些人工设计的特征，例如 SIFT（Scale Invariant Feature Transform）和 HOG（Histogram of Oriented Gradients），这点同语音识别领域长期依赖 MFCC 和 PLP 特征的情况非常相似。然而，诸如 SIFT 和 HOG 的此类特征仅仅是对图像中低级别的边缘信息进行描述与表征。若要描述图像中高级信息例如边缘交叉和局部外观等，此类特征便显得力不从心了。针对上述问题，深度学习可以通过无监督和有监督的学习方法直接从数据中获得层级化的视觉特征，从而提供一套更为有效的解决方案。在下面的讨论中，我们将多种应用于计算机视觉领域中的深度学习方法分为两类：（1）无监督特征学习，该类方法通常仅仅将深度学习用于进行特征提取，而后获得的特征会被直接作为一些简单的机器学习算法的数据加以训练以实现分类等任务；（2）有监督的特征学习，当获取大量有标签训练数据成为可能时，此类方法可以通过首尾相连的学习策略实现整体系统中特征提取与分类器组件更新的联合最优化，从而更加有效地完成复杂的分类、识别等任务。

10.1 无监督或生成特征学习

当有标签数据相对缺乏时，无监督学习算法可以体现其对于视觉特征层级结构的学习能力。事实上，基于有监督学习的 CNN 层级化结构已经在 2012 年的 ImageNet 比赛中获得巨大成功，而在这之前，计算机视觉领域对于深度学习的应用一直都仅限于以无监督学习为目的的特征提取。最早提出并证明可将无监督深度自编码方法应用于 DBN 模型预训练的是 Hinton 和 Salakhutdinoy[164]，该方法在仅有 60000 个训练样本的 MNIST 数据库上成功实现了图像的识别和降维（编码）任务。（详情及分析请参考http://yann.lecun.com/exdb/mnist/[78]）。有趣的是，关于编码效率，基于自编码的DBN[164]相比于传统的主成分分析在图像数据上的性能提升[100]与本书第4章所涉及的相比于传统矢量量化技术在语音数据上的提升情况非常相似。此外，Nair和Hinton[256]提出了一个改进的DBN，该DBN的顶层使用了一个三阶的玻尔兹曼机。当这种DBN应用于NORB数据库（一个三维目标识别任务数据库）上时，其错误率几乎下降到了目前所公布的最低错误率，这再次表明了DBN在很大程度上是优于类SVM这样的浅层模型的。随后，文献[358]进一步提出了两种提高DBN鲁棒性的策略。首先，DBN第一层的稀疏连接被用来作为一种模型正则化的手段；接着通过一种基于概率的降噪算法来加以实现。当这两种技术同时作用时，可以有效提高当遮挡和随机噪声存在时图像识别的鲁棒性。同时，DBN也被成功地应用于创建以检索为目的的图像含义表征方面[360]。尤其是在大规模图像检索任务中，基于深度学习的方法同样获得了很好的效果。此外，使用时序化条件DBN来进行视频序列与人体运动合成的相关应用也在文献[361]中有所报道。其中谈到的条件RBM和DBN是通过将RBM和DBN的权重与一个以前次数据处理为条件的定宽时间窗相关联，这类时序DBN及相关的递归网络提供了一种计算工具使得将DBN-HMM模型演化为更加高效的DBN言语生成模型成为可能，而该模型集成了以时间为中心的言语生成机理。

正如我们之前所提到的，基于深度学习的方法种类很多，主要包括层级概率模型和生成式模型（神经网络等）。随机前馈神经网络是这类算法中开发并应用于面部表情数据库的一个最新典例，该模型既可以进行高效的学习又可以在输出空间产生一个类似于混合高斯模型的多模分布，而这是标准的、确定性的神经网络[359]所无法做到的。如图10.1所示，是一个具有四个隐层的典型的随机前向神经网络，该网络混合了确定和随机两种神经元（左图）来实现多模分布（右图）。这种随机网络是一个深层的有向图模型，其产生过程开始于输入x，一个代表人脸的神经元，输出y则代表面部表情。在面部表情分类实验中，通过将基于此种随机网络的无监督学习所获得的隐特征与基于图像像素的显特征加以结合，可以获得比条件化RBM/DBN基线分类器更高的准确率[361]。

目前，无监督深度特征学习在计算机视觉领域研究中最值得关注的研究进展（先于最近CNN的大量使用）也许是文献[209]中提出的一个结合了子采样和局部对比度归一化的九层局部相连的稀疏自编码器。该模型拥有多达10亿个连接，并且在含有近1千万张互联网的图像的数据集上进行训练。这种无监督的特征学习模型，允许系统在无需判断有标签训练样本是否含有人脸的情况下实现人脸检测。而且，控制实验进一步表明，这种特征检测器对于平移、尺度变化和平面外旋转都具有很好的鲁棒性。

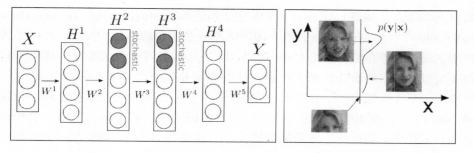

图 10.1　左：典型的四隐层随机前馈神经网络结构。右：该网络产生的两个不同模式分布，并在给定原始面部 x 后所得到的代表两个或多个不同的面部表情 y

（参考文献［359］，@NIPS）

图中词语翻译对照表

Stochastic	随机的

无监督深度特征学习在计算机视觉领域中另一类比较流行的研究是基于深度稀疏编码的模型[226]。相比于利用 CNN 结构进行有监督的特征学习和分类的方法，此类深度模型可以在 ImageNet 数据集上针对目标识别任务获得更高的准确率从而代表了当前该领域发展的最新水平，而具体内容也就是我们接下来所要讨论的。

10.2　有监督特征学习和分类

深度学习在目标识别中的最初应用可追溯到 20 世纪 90 年代早期所提出的卷积神经网络（CNN），详情请参考综述［212］。而基于 CNN 结构的有监督特征学习模式获得广泛关注则开始于 2012 年 10 月 ImageNet 竞赛结果发表之后不久（http：//www.imagenet.org/challenges/LSVRC/2012/）。这主要是由于大量的有标签数据及高性能 GPU 计算平台的出现使得大规模 CNN 的高效训练成为可能，从而实现目标识别精度的大幅度提升。与基于 DNN 的深度学习方法在处理一系列语音识别任务（包括音素识别、大词汇量语音识别、抗噪语音识别和多语种语音识别）的效果明显优于其他主流方法的情况相类似。同样基于 CNN 的深度学习方法也在一系列计算机视觉标准任务测试中（包括类级别的目标识别、目标检测和语义分割）表现出了同样的优势。

图 10.1 展示了文献［212］中所描述的 CNN 的基本结构。为了包含典型图像像素对于位置的空间关联相对不变性这一特点，CNN 使用了一个带有局部接受域和绑定过滤权值的卷积层，这与图像处理中的二维 FIR 滤波器非常类似。FIR 滤波器的输出通过一个非线性激励函数来获得激励响应，接着通过一

个非线性池化（pooling）层（图 10.2 中的"子采样"）来减小码率且同时确保输入图像发生微小变化时的不变性。最后再将池化层的输出送入若干个全连接层，就像我们在前几章介绍 DNN 时讨论过的一样。这样一个整体的结构在文献中也被称作深度卷积神经网络。

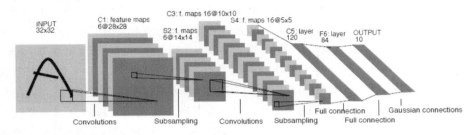

图 10.2　初始卷积神经网络包含多个交替的卷积层，全连接层和紧随其后的池化层
（参考文献［212］，@IEEE）

图中词语翻译对照表

INPUT	输入
C1：feature maps	C1：特征映射
Convolutions	卷积
maps	映射
Subsampling	子采样
C5：layer	C5：层
OUTPUT	输出
Full connection	全连接
Gaussian connection	高斯连接

　　类似于 CNN 这样具有卷积结构的深度模型由于其有效性从九十年代开始便一直被应用于计算机视觉和图像识别领域[57,185,192,198,212]。而其中最令人瞩目的成绩来自于 2012 年的 ImageNet LSVRC 比赛，此次比赛的任务是通过训练一个具有 120 万幅高分辨率图像的分类器来实现对未知测试图像进行 1 000 种不同类别的分类。所用的测试图像集包含 1.5 万个数据，比赛中，使用深度 CNN 进行建模的方法获得了相比于本领域其他算法而言前所未有的低错误率。本次测试所使用的更大深度 CNN 模型包含 6 千万个权值，65 万个神经元节点以及具有 5 个卷积层结合的最大值池化层。此外，两个我们前面在讨论 DNN 时所提到的全连接层也被用于这个 CNN 模型的最顶层。尽管上述讨论中所涉及的结构在早期的工作中也曾被独立研究过，但是这次比赛能够取得成功的根本原因在于其实现了这些结构的一个最优化组合。图 10.3 中展示了该深度 CNN 系统的一个整体结构，另外还有两个额外的因素也成为最后成功的关键，首先是

一个称为"dropout"[166]的强有力的正则化技术，详细分析及改进请参考文献[10，13，240，381，385]。尤其是Warde-Farley等人对于dropout解耦效果的分析表明，dropout之所以能发挥作用与其不同网络成员之间可以共享参数这一机制是密不可分的。这也是为什么在一些语音识别任务上，dropout同样也获得了相当成功的应用；第二个重要因素是在计算$f(x)=\max(x,0)$的过程中，非饱和神经元也称整流线性单元（ReLU）的成功应用，这使得整个训练过程的效率被极大地提高，尤其通过GPU并行运算实现后效果更加明显。这套深度CNN系统通过使用额外的训练数据在ImageNet Fall 2011数据集上获得了位居前五名的低错误率15.3%；同时在ImageNet 2012数据集上，它在仅使用已有数据条件下也获得了16.4%的低错误率，这比第二名的26.2%要低很多，第二名的系统采用了多种分类器组合的方法，而这些分类器均使用了大量包括SIFT、Fisher向量在内的人工特征。读者可参考http：//www. image-net. org/challenges/LSVRC/2012/oxford_ vgg. pdf中关于最佳竞赛方法的讨论。但值得注意的是，最近Simonyan等人通过多层堆叠策略来构建深层Fisher网络拓展了Fisher向量编码方法，也可以以较小的学习代价获得同深度CNN类似的结果。

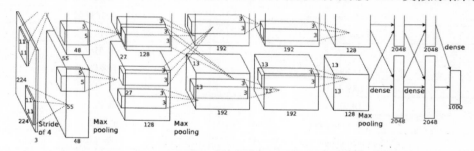

图10.3 获得2012ImageNet比赛冠军的深度CNN系统结构，成绩与第二名和当年其他前沿技术有很大差距（参考文献［198］，@NIPS）

图中词语翻译对照表

Stride	步幅
Max pooling	最大池化
Dense	全连接

具有代表性的基于深度CNN前沿方法[198]，其效果在2013年被进一步提升，此种改进是通过使用更大规模的模型以及更多的训练数据来实现的。图10.4汇总了参加2013年ImageNet ILSVRC2013竞赛中成绩最好的11个参赛系统中错误率最低的前五名，2012年的最好结果（最右侧）也作为比较基准被纳入。这里，我们可以看到在处理同样的任务时，最低错误率呈快速下降的趋势，从2012年之前的26.2%（未使用神经网络）到2012年的15.3%，最后

到 2013 年的 11.2%，而后面两年的最佳成绩均是用了基于深度 CNN 方法获得的。同样值得注意的是，所有 2013 年 ImageNet ILSVRC 的主流参赛作品都用到深度学习技术。例如，图 10.4 所示的 Adobe 系统便是基于文献［198］所提出的包含了 dropout 的深度 CNN 模型。并且在其网络结构中加入更多的滤波器和连接。在测试时，图像显著性被用于从原始图像中获取 9 个剪裁图像，并同其他 5 个多视角的剪裁图像合并作为输入。不同的系统对于该过程的实现方式不尽相同，其中 NUS 系统使用了一种非参数且自适应的方法来合并多个浅层和深层的专家系统，包括深度 CNN、核函数以及 GMM 方法。而 VGG 系统[329]使用了深度 Fisher 向量网络和深度 CNN 的组合方式。此外，ZF 则是基于一系列不同结构大规模 CNN 组合的系统。其结构的选择主要通过使用一个反卷积网络协助实现模型特征的可视化，该过程在 Zeier 等人[437]，Zeiler 和 Fergus[435,436]以及 Zeiler[434]的研究中均有描述。此外，认知视觉系统（Cognitive Vision）使用了一种基于一个 DNN 结构的图像分类策略。这种方法受到认知心理学的启发，认为人类视觉系统会首先掌握基本层次类别的分类，而后才能逐渐在从属级别层次进行分类，对细致目标进行识别。最后，如图 10.4 所示，拥有最佳表现的 Clarifai 系统是基于一个大而深的并且使用 dropout 正则化的 CNN。它通过将图像下采样到 256 个像素来增加训练数据。该系统包含了 6500 万个参数。通过将多个这样的模型一起求平均来进一步提升其性能。其主要的创新点是使用了基于反卷积网络的可视化技术来确保使深度模型能发现让其获得更好的表现的因素，并以此来选择更强有力的深度结构。有关这些系统的详情请参考 http：//www．imagenet．org/challenges/LSVRC/2013/results．php。

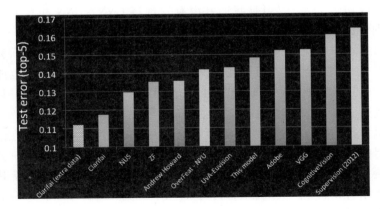

图 10.4　ImageNet 大规模视觉识别挑战赛 2013（ILSVRC2013）结果汇总，这些技术代表了目标识别系统中的最前沿。数据源：
http：//www．image-net．org/challenges/LSVRC/2013/results．php

虽然深度 CNN 已被证明在目标识别任务中具有卓越的分类性能，但时至今日才有了明确的解释为什么它能表现的这么好。Zeiler 和 Fergus 的研究工作恰恰是围绕这个问题而展开的，进而利用所获知的理解进一步提高了 CNN 系统的性能并且获得了非常出色的效果（即图 10.4 中的 ZF 和 Clarifai 系统）。在这中间，一项全新的可视化技术被开发出来用以深入了解深度 CNN 不同特征层之间的功能。这项技术也有助于我们理解整个网络作为一个分类器时的运行过程。该可视技术基于反卷积网络，它将原始卷积网络中间层的神经活动映射回输入的像素空间。这允许研究人员了解是什么样的最初输入模式在特征映射空间形成了一个给定的激励。图 10.5（上半部）说明了一个卷积网络是如何附着到每一层的，并由此怎样通过一个闭环返回到 CNN 的原始输入即图像像素。信息在这个闭环中的流动是这样的。首先，一个输入图像对于深度 CNN 以一种前馈方式被表示出来，其目的是为了使得所有层都会计算特征。为了分析某个 CNN 的激励函数，同一层中其他激励函数都被置为 0 且其特征映射会作为附加的反卷积网络层的输入。而后，紧跟着的是一系列与 CNN 中前馈计算相反的连续操作，其中包含反池化、校正和滤波。这些使得位于触发选择性激励这一层之上的活动得以重建。这样的操作不断重复直至到达输入层。而在之后的反池化过程中，CNN 中最大池化操作的非可逆性通过一个近似逆向逼近的方法加以解决，其最大值位于每个聚集区域之间并用一套"开关"变量加以记录。而这些开关被用来将上层重建放置到合适位置从而保留原有的激励结构。这一过程在图 10.5 的下半部分有所表示。

除了上面谈到的深度 CNN 结构外，DNN 结构也在大量的计算机视觉任务上获得了成功[54,55,56,57]。可是我们并没有发现将 CNN、DNN 和其他相关结构在以识别为目的任务中进行直接对比的相关资料。

最后需要加以说明的是，最近关于计算机视觉中有监督学习的研究进一步表明深度 CNN 结构不仅在目标或图像分类中取得了成功，它同样也能在针对整幅图像的目标检测任务中取得成功[128]，而相比于分类任务来说，目标检测要更加复杂。

这里，我们简要回顾一下本章所讨论的内容，深度学习紧随其在语音识别中所获得的巨大成功（第 7 章），它也使得计算机视觉领域的相关研究取得了长足发展。截止目前，正是基于深度 CNN 结构的有监督学习样式及其相关分类技术才能造成如此巨大的影响力，这尤其体现在 2012～2013 的 ImageNet 比赛中的那些最新的方法。这些方法不仅可以用于目标识别，同样还可以应用于其他一些计算机视觉的任务中。当然，一些有关 CNN 的深度学习方法之所以能够成功的原因以及局限性的争论依然存在，依然还有很多问题值得探讨，例如怎样定制这些方法使得它们能够应用于一些特定的计算机视觉任务以及如何增

10 在目标识别和计算机视觉中的应用

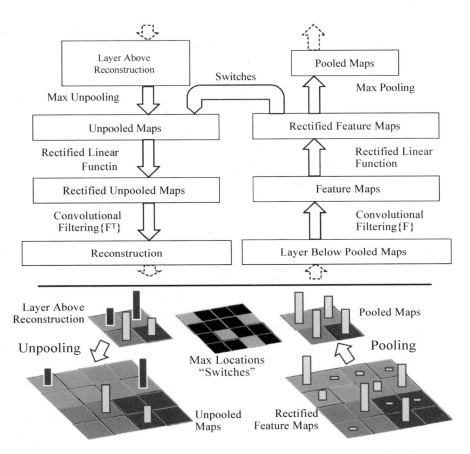

图 10.5 上半部分说明解卷积网络层（左）如何与 CNN 层（右）关联起来。解卷积网络重建 CNN 特征的近似值。图的下半部分解释了解卷积网络的反池化操作，在 CNN 池化时每个池化层的局部最大值记录在开关变量集合中

图中词语翻译对照表

Layer Above Reconstruction	上层重建结果	Pooled Maps	池化图
Max Unpooling	最大化反池化	Max Pooling	最大化池化
Unpooled Maps	非池化图	Rectified Feature Maps	修正特征图
Rectified Liner Function	修正线性函数	Feature Maps	特征图
Convolutional Filtering	卷积滤波	Layer Below Pooled Maps	下层池化图
Reconstruction	重建	Switches	开关
Max Locations	局部最大	Pooling	池化
Unpooling	反池化	Rectified Unpooled Maps	修正反池化图

大模型和训练数据规模等。最后，本章的前一部分也涵盖了一些深度学习在计算机视觉及图像建模问题中有关非监督及生成方法的讨论。目前，在拥有充足训练数据的条件下，这些方法在目标识别中的表现还不能与有监督学习相提并论。但是，如果想要实现计算机视觉领域的长期发展以及最后的成功，无监督学习则显得更为必要。因此，要实现这一目标，许多无监督特征学习和深度学习中存在的问题依然需要开展更多的研究来加以解决。

11 多模态和多任务学习中的典型应用

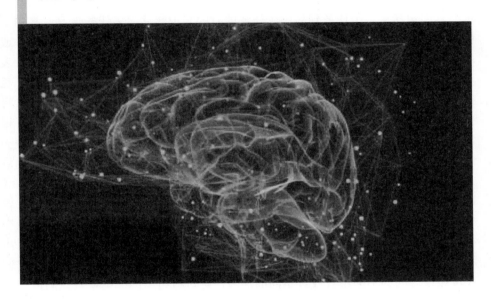

多任务学习（multi-task learning）是机器学习的一种方法，它是指在同一时间用同一种共享的表示来学习和解决一些相关问题的方法。它可以看作是迁移学习（transfer learning）或者知识迁移学习的两大主要类别之一，研究重点是分布、领域或者任务上的泛化。另一种主要的迁移学习叫做适应性学习（adaptive learning），在这类学习中，知识迁移是以一定顺序进行的，从源任务到目标任务的迁移是其中的一个代表[95]。多模态（multi-modal）学习与多任务学习是紧密相关的，这些学习领域或"任务"涵盖了人机交互的多个模态或者包含兼有文本、语音、触感和视觉信息资源的其他应用。

深度学习的本质是自动地发掘任意一种机器学习任务中有效的特征或表示，其中包括从一个任务到另一个任务即时的知识转移。多任务学习通常用于目标任务领域训练数据匮乏的情况，因此有时也称之为零样本（zero-shot）或单样本（one-shot）学习。很明显，复杂的多任务学习很符合深度学习或者表示学习的要求。在资源匮乏的机器学习场景中，共享的表示以及任务中（包括语音、图像、触感和文本等不同模态的任务）所使用的统计方法的力量将会体现得淋漓尽致。在使用深度学习方法之前，多模态和多任务学习已经有很多的研究工作，例如，文献[175, 103]提出并阐述了一个叫做 MiPad 的多模态交互原型，该原型能够捕捉、学习、协调以及渲染语音、触觉和视觉的混合信息。在文献[354, 443]中，利用不同传感特性的麦克风来采集骨传导以及空气传导路径的混合声源，进行语音降噪。这些早期的研究都使用浅层模型和学习策略，得到的结果也差强人意。随着深度学习的出现，复杂的多模态学习问题看到了曙光，一旦这一难题被攻克，实际应用将会如雨后春笋般层出不穷。本章中，我们精心挑选了这个领域内的一些应用进行详细地阐述，它们是按照模态间的不同组合或者不同的学习任务进行组织的。本章叙述的内容有很多依然是研究热点，研究人员应该多关注后续出版物。

11.1 多模态：文本和图像

文本和图像可以进行多模态学习的根本原因是它们在语义层面是相互联系的。我们可以通过对图像进行文本标注来建立二者之间的关系（作为文本和图像多模态学习系统的训练数据）。如果相互关联的文本和图像在同一语义空间共享同一表示，那么系统可以推广到不可见（unseen）的情况；不管是文本还是图像缺失，我们都可以用共享的表示去填补缺失的信息，因此可以自然地应用于图像或文本的零样本学习。换言之，多模态学习可以使用文本信息来帮助图像/视觉识别，反之亦然。当然，这个领域的绝大多数研究集中在通过文本信息来进行图像/视觉识别中，我们将在下面进行讨论。

11 多模态和多任务学习中的典型应用

由 Frome 等人[117]提出的深层体系结构 DeViSE（深度视觉—语义嵌入）是利用文本信息来提高图像识别系统性能的多模态学习的典型示例，这种体系结构尤其适合零样本学习（zero-shot learning）。当物体的类别太多时，很多图像识别系统是不能正常运转的，部分原因是由于随着图像的类别个数增加，获取足量带有文本标签的训练数据也越来越难。DeViSE 系统旨在利用文本数据去训练图像模型。通过带有标注的图像数据以及从没有标注的文本中学习到的语义信息来训练一个联合模型，然后利用训练好的模型对图像进行分类。图 11.1 中间部分是对 DeViSE 体系结构的一个图解。用较低层的两个模型预训练得到的参数对 DeViSE 进行初始化，这两个模型分别是：图中左侧部分用于图像分类的深度卷积神经网络和图中右侧部分的文本嵌入模型。图 11.1 中标记为"核心视觉模型"的深度卷积神经网络部分通过标记为"转换"的投影层和一个相似度度量来进一步学习如何去预测词嵌入向量。训练阶段所采用的损失函数是内积相似度以及最大边界的结合体，即铰链排名损失。如 9.3 节所述，内积相似度是余弦损失函数的非归一化形式，目的是为了训练文献[170]中描述的 DSSM 模型。最大边界类似于较早的图像—文本模型 WSABIE（由 Weston 等人[388,389]提出的运用图像嵌入进行大批量网络标注的方法）。结果表明，由文本提供的信息提高了零样本预测的准确性，使得成千上万在模型中未曾出现过的标签的命中率达到了比较好的水平（接近15%）。

文献[388,389]中描述了早期的 WSABIE 系统，它用浅层结构来训练图像和标注之间的联合嵌入向量模型。WSABIE 使用简单的图像特征和线性映射实现联合嵌入向量空间，并非在 DeViSE 中利用深层结构来得到高度非线性的图像（文本向量也一样）特征向量。这样，每一个可能的标签都对应一个向量。因此，相比 DeViSE 来说，WSABIE 不能泛化新的类别。

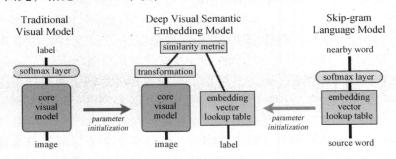

图 11.1　多模态 DeViSE 架构图解。左侧部分是激活函数为 softmax 的输出层的图像识别神经网络；右侧部分是用来提供词嵌入向量的 skip-gram 模型，详见 8.2 节和图 8.3；中间是带有两个在 softmax 层下用图像和词嵌入模型初始化的连接（Siamese）分支 DeViSE 的联合深度图像—文本模型，标记为"转化"层，将图像（左侧）和文本（右侧）分支的输出映射到同一语义空间（参考文献[117] @ NIPS）。

图中词语翻译对照表

Traditional Visual Model	传统视觉模型
Deep Visual Semantic Embedding Model	深度视觉语义嵌入模型
Skip-gram Language Model	（Skip-gram）语言模型
label	抄本
softmax layer	softmax 层
core visual model	核心视觉模型
image	图像
parameter initialization	参数初始化
similarity metric	相似度矩阵
transformation	转换
embedding vector lookup table	嵌入向量查找表
source word	源单词

对比图 11.1 的 DeViSE 架构以及第 9 章中图 9.2 的 DSSM 体系结构，我们会看到一些很有意思的不同点。DSSM 中的"查询"和"文档"分支类似于 DeViSE 中的"图像"和"文本—标注"分支。为了训练端对端的网络权重，DeViSE 和 DSSM 所采用的目标函数都是和向量间余弦距离相关的。一个关键的不同点在于 DSSM 的两个输入集都是文本（例如，为信息检索设计的"查询"和"文档"），因此，相比 DeViSE 中从一个模态（图像）到另一个模态（文本）而言，DSSM 中将"查询"和"文档"映射到同一语义空间在概念上显得更加直接。而另外一个关键的区别在于 DeViSE 对未知图像类别的泛化能力来源于许多无监督文本资源的文本向量（即没有对应的图像），这些资源包含未知图像类别的文本标注。而 DSSM 对于未知单词的泛化能力来源于一种特殊的编码策略，这种策略依据单词的不同字母组合来进行编码。

最近，有一种方法受到 DeViSE 架构的启发，通过对文本标注和图像类别的向量进行凸组合来将图像映射到一个语义向量空间[270]。这种方法和 DeViSE 的主要区别在于，DeViSE 用一个线性的转换层代替最后激活函数为 softmax 的卷积神经网络图像分类器。新的转换层进而和卷积神经网络的较低层一起训练。文献［270］中的方法更为简单——保留卷积神经网络 softmax 层而不对卷积神经网络进行训练。对于测试图像，卷积神经网络首先产生 N 个最佳候选项。然后，计算这 N 个向量在语义空间的凸组合。即得到 softmax 分类器的输出到向量空间的确定性转化。这种简单的多模态学习方法在 ImageNet 的零样本学习任务上效果很好。

另一个不同于上述工作但又与其相关的研究主要集中在多模态嵌入向量的使用上，来源于不同模态的数据（文本和图像）被映射到同一向量空间。例如，Socher 和 Fei-Fei［341］利用核典型相关性分析（kernlized canonical correlation）将词和图像映射到同一空间。Socher 等人[342]将图像映射到单个词向量，这样构建的多模态系统可以对没有任何个例的图像类别进行分类，类似于 DeViSE 中的零样本学习。Socher 等人的最新工作[343]将单个词的嵌入拓展为短语和完整句子的嵌入。这种从词到句子的拓展能力，来源于递归神经网络和对依存树的扩展。8.2 节对 Socher 等人 [347] 的递归神经网络进行了概述。

除了将文本到图像（反之亦然）映射为同一向量空间或者创建一个联合的图像/文本嵌入空间，文本和图像的多模态学习也同样适用于语言模型的框架。在文献 [196] 中，研究着眼于建立一种自然语言模型，这个模型依赖于其他模态，例如图像模态。这类多模态的语言模型被用于（1）对于给定的复杂描述的查询来检索图像；（2）对于给定的图像查询检索出相应的短语描述；（3）给出图像相关文本的概率。通过训练多模态语言模型和卷积神经网络的组合来联合学习词表示和图像特征。图 11.2 是多模态语言模型的一个图解。

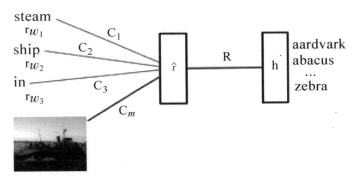

图 11.2　多模态语言模型。预测所得的下一个单词表示 $\hat{r}$ 是由图像特征 x 偏差引出的词特征 r_{w1}，r_{w2}，r_{w3} 的线性预测

（参考文献 [196]，@ ICML）

图中词语翻译对照表

steam	蒸汽
ship	船
in	在
aardvark	土豚
abacus	算盘
zebra	斑马

11.2 多模态：语音和图像

Ngiam 等人[268,269]提出并评估了用神经网络来学习音频/语音和图像/视频模态特征的应用。他们论述了两感交叉（cross-modality）特征学习，指出在特征学习阶段，多模态（例如，语音和图像）会比只有一个模态（例如，图像）学到更好的特征。图 11.3 展示了一个用来分离音频/语音和视频/图像输入通道的双模深度自编码器（bi-modal deep autoencoder）架构。这个架构的本质是利用一个共享的中间层来表示两种模态。这是对第 4 章中图 4.1 单模态深度语音自编码器的一个直接推广。作者更进一步说明了如何去学习语音和视频的共同表示，并且在一个固定的任务中去评估它，分类器用语音数据进行训练，但是测试的时候用的是视频数据，反之亦然。这项工作的结论是：深度学习的架构通常对从无标注的数据中学习多模态特征以及通过两感交

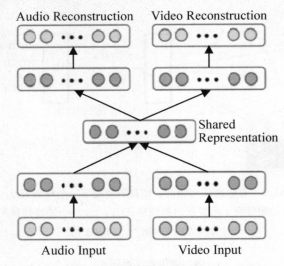

图 11.3　用于多模态音频/语音和视觉特征的深度除噪自编码器的体系结构
（参考文献［269］，@ ICML）

图中词语翻译对照表

Audio Reconstruction	音频重建	Audio Input	音频输入
Video Reconstruction	视频重建	Video Input	视频输入
Shared Representation	共享表示	Bimodal Deep Autoencoder	双模深度自编码器

叉信息传递来提高单个模态特征的情况是很有效的。但是这个方法在 CUAVE 数据库上出现了例外。文献［269，268］中的结果表明通过视频和音频去学习视频特征的效果优于仅用视频特征。然而，这篇论文同时指出文献［278］中用复杂信号处理技术提取的视觉特征，外加从鲁棒语音识别中提出的非确定性补偿方法，最终得到的模型在两感交叉学习任务上可以达到最好的分类精度，超越了深度结构的效果。

文献［268，269］中描述的用深度生成式架构来进行多模态学习的方法是基于非概率的自编码器，然而近来在相同的多模态应用中也出现了基于深度玻尔兹曼机（DBM）的概率型自编码器。在文献［348］中，一个 DBM 用来提取整合了不同模态的统一表示，这一表示对分类和信息检索任务来说都是很有帮助的。与为了表示多模态输入而在深度自编码器中采用的"瓶颈"层不同的是，这里我们首先在多模态输入的联合空间中定义一个概率密度，然后用定义的潜在变量的状态作为表示。DBM 的概率公式在传统的深度自编码器中是没有的，因此这里概率形式的优势在于丢失的模态信息可以通过从它的条件概率中采样来弥补。最近自编码器的许多工作中表明[22,30]，推广的降噪自编码器的采样能力使得填补缺失模态信息的问题看到了曙光。对于包含图像和文本的双模态数据，研究表明，多模态 DBM 比传统的深度多模态自编码器以及在分类和信息检索任务中的多模态 DBN 效果稍好。目前与推广的深度自编码器还没有比较的结果，但是相信结果可能很快就会出来。

本章前面所讨论的多模态处理以及学习的若干架构可以看作是多任务学习（multi-task learning）和转化学习（transfer learning）的特例[22,47]。转化学习包含适应性和多任务学习，指的是一种学习架构或技术，可以发掘不同学习任务中隐藏的共同的解释性因素。这种方式允许不同的输入数据集进行一定的共享，因此是允许在看似不同的学习任务中进行知识传递的。文献［22］中认为，图 11.4 的学习架构和关联的学习算法对该类任务是有优势的，这是因为它能够学习捕捉潜在因素的表示，这些因素的子集和某个特定任务相关。我们将会在本章剩余的部分讨论语音、自然语言处理或者图像领域中若干多任务学习的应用。

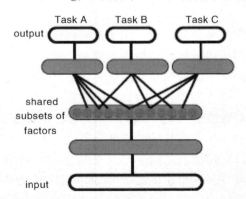

图 11.4　在多任务学习中的一个 DNN 架构，旨在从三个任务 A、B 和 C 中发掘它们共享的隐藏解释因素。(参考文献［22］@IEEE)

图中词语翻译对照表

Task A	任务 A
Task B	任务 B
Task C	任务 C
output	输出
Shared subsets of factors	共享因素的子集
input	输入

11.3 在语音、自然语言处理或者图像领域的多任务学习

在语音领域中，最有意思的多任务学习应用当属多语种或者交叉语种的语音识别，不同语言的语音识别被当作不同的任务。为了解决语音识别中非常有挑战性的声学建模问题，已经出现各种各样的方法。然而出于经济层面的考虑，构建全世界所有语种的语音识别系统，瓶颈在于缺乏标注的语音数据。对于高斯混合模型—隐马尔可夫模型（GMM-HMM）系统[225]而言，交叉语种的数据共享以及数据加权是最普遍且行之有效的方法。GMM-HMM 中另一种成功的方法是通过基于知识或者数据驱动方法来完成跨语言的发音单元映射[420]。但是这些方法的效果是远不如深度神经网络—隐马尔可夫模型（DNN-HMM）的，我们现在对这一方法做一下总结。

最近的几篇论文中[94,170,150]，两个研究小组独立提出了非常相近的、具有多任务学习能力、用于多语种语音识别的深度神经网络架构。从图 11.5 中我们可以看到这种架构的图解。这一架构的思想是：通过适当的学习，深度神经网络中由低到高的隐层充当着复杂程度不断增加的特征变换，而这些变换共享跨语言声学数据中共有的隐藏因素。神经网络最后一个 softmax 层充当着一个对数线性（log-liner）分类器，利用了最顶端隐层所表示的最抽象的特征向量。尽管对数域的线性分类器对不同语言在必要时可以分开，但特征转换仍可以在跨语言之间共享。文献［225，420］中报告的多语种语音识别的效果非常好，这个结果比基于 GMM-HMM 的方法好很多。这些工作的意义是重要而深远的，它表明了我们可以从一个现有的多语种 DNN 中快速构建出一个性能良好的新语种 DNN 识别器。这样最大的好处莫过于我们只需要目标语言少量的训练数据，当然有更多的数据可以进一步地提高性能。这个多任务的学习方法可以降低无监督预训练阶段的需求，并且可以用更少的迭代次数进行训练。对这些工作进行推广，就可以高效地构建一个通用语言的语音识别系统。这样

的系统不仅能够识别许多语言以及提高每种语言的识别精度，还能够通过简单地堆叠 DNN 的 softmax 层扩展到对一种新的语言的支持。

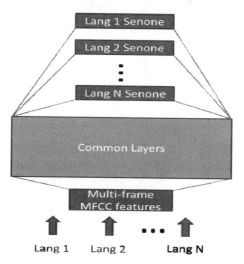

图 11.5　一个用于多语种语音识别的 DNN 架构

图中词语翻译对照表

Lang 1 Senone	语种 1 的音素状态
Lang 2 Senone	语种 2 的音素状态
Lang N Senone	语种 N 的音素状态
Common layers	共享层
Multi-frame MFCC features	多帧 MFCC 特征

　　图 11.6 是一个与上述模型密切相关的、具有多任务学习能力的深度神经网络架构。该模型最近被应用到了另一个声学建模的任务中——学习两个不同声学数据集合的联合表示［94，221］。数据集包含宽带、高质量的 16kHz 采样率的语音数据，这些数据通常是从日趋流行的智能手机语音搜索应用中采集到的。而另外一种，采样率是 8kHz 的窄带数据集通常是通过电话语音识别系统采集而来的。

　　下面介绍语音领域的最后一个多任务学习的例子。首先，我们将音素识别和词识别当作是两个单独的"任务"。音素识别的结果往往被用于口语文本检索中语种类型的鉴别，而不是用于产生文本输出。音素识别的结果不是用来产生文本输出，而是用来做语种辨识或者语音文档检索。进而，在几乎所有语音系统中发音词典的使用可以看作是共享音素识别和单词识别任务的多任务学习。更多先进的语音识别的框架已经将这个方向推得更远。这些框架使用比音素更好的单元，从分层的语言结构中完成原始语音的声学信息到语义内容的过渡。例如，基于检测（detection-based）和丰富知识（knowledge-rich）的语音识别建模框架，使用了称为"语音属性"（speech attributes）的语音原子单元。而深度学习的方法使得该类识别方法的精度已经得到了很大的提升[332,330,427]。

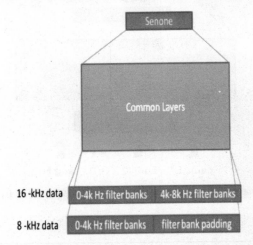

图 11.6　用 16kHz 和 8kHz 采样率混合带宽的声学数据训练语音识别的一个 DNN 架构

图中词语翻译对照表

Senone	音素状态
Common layers	通用层
16kHz data	16kHz 数据
0~4k Hz filter banks	0~4kHz 滤波器组
4~8k Hz filter banks	4~8kHz 滤波器组
8kHz data	8kHz 数据
0~4k Hz filter banks	0~4kHz 滤波器组
Filter bank padding	滤波器组填充

在自然语言处理领域，文献［62，63］中阐述的研究是多任务学习最典型的例子。一系列不同的"任务"，词性标注、组块（chunking）、命名实体标注、语义角色辨识和相似词辨识，均可使用一个通用的词表示和一个统一的深度学习方法来完成。在 8.2 节中可以找到这些工作的一个总结。

11 多模态和多任务学习中的典型应用

最后，深度学习在图像/视觉领域单模态的多任务学习上也是非常有效的。Srivastava 和 Salakhutdinov[349]等人提出了应用在不同图像分类数据集上的一个 DNN 系统，这一系统是基于分层贝叶斯先验的多任务学习系统。深度神经网络和先验结合在一起，通过任务之间信息的共享和在知识转移中发现相似的类别，提高了判别学习的性能。具体来说，他们提出了一个联合学习图像分类和层次类别的方法，比如对那些训练样本相对少的"缺乏数据类别"，可以从相似且拥有较多训练数据的"数据丰富类别"中获得帮助。这个工作可以看作是学习输出表示很好的例子，这个例子和学习输入表示都是目前所有深度学习研究所关注的。

Ciresan 等人[58]将深度卷积神经网络架构应用到了拉丁文和中文的字符识别的工作中，这是图像领域的单模态多任务学习的一个实例。在中文字符上训练得到的卷积神经网络可以很轻易地识别大写拉丁字母。此外，可以通过先对所有类别上的一个小的子集做预训练，然后训练所有类别，对中文字符的学习进行加速。

12

结论

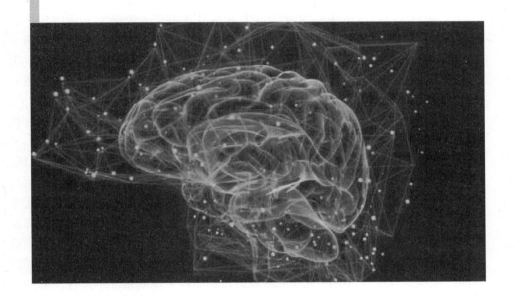

这本专著首先阐述了深度学习的发展历史（侧重于语音识别研究领域），并提出了一个用于分析文献中现有的深度网络的分类方案，类别包括无监督的（其中有许多是生成式的）、有监督的和混合神经网络。作为上述三类中的代表，本书对深度自编码器、深度堆叠网络DSN（以及它的许多其他变种）、深度置信网络—深度神经网络（DBN-DNN）或预训练的深度神经网络架构进行了讨论和详细的分析。根据作者本人的研究经历，这三个类别的神经网络是流行和有前景的方法。这本专著也对深度学习在信息处理的五大领域中的应用进行了回顾，包括语音和音频（第7章）、自然语言建模和处理（第8章）、信息检索（第9章）、目标识别与计算机视觉（第10章）和多模态以及多任务学习（第11章）。其他一些深度学习中有趣但并不是主流研究方向的应用并没有囊括在这部专著里。有兴趣的读者可以翻阅有关深度学习应用的最新论文，例如最优控制[219]、强化学习[256]、恶意软件分类[66]、压缩感知[277]、识别中置信度的预测[173]、声学到发音的转化[369]、视频中的情感识别[189]、语音中的情感识别[207,222]、口语理解[242,366,403]、说话人识别[351,372]、语种识别[112]、口语对话系统中的对话状态追踪[94,152]、自动语音激活检测[442]、语音增强[396]、语音转换[266]以及单通道的源信号分离[132,387]。

目前已经有很多深度学习的相关文献，其中大部分来自于机器学习领域。信号处理领域在过去的几年里才开始转战深度学习（大约在2009年底开始），并一直保持前所未有的快速增长势头。本书主要是从信号与信息处理的角度来写的。除了调研现有的深度学习相关工作，我们提出了一个从架构和学习算法的本质这两方面出发的分类方案，并提供了具体实例分析及讨论。我们希望这本专著中的调研能够为读者更好地理解本书中所讨论的不同的深度学习系统、不同但相似的深度学习方法之间的联系以及如何在不同的情况下设计合适的深度学习算法提供思路。

纵观整个综述，我们传达了一个重要的信息，那就是构建和学习特征的深层表示是非常必要的。由于最优化的困难，在零样本的情况下学习深度网络所有层的参数难度很大，我们已经对其进行了讨论，这一点需要更进一步的理解。我们在第5章详细回顾了DBN-DNN混合结构中的无监督预训练方法，提供了一个有用的、经验性的解决优化问题中的局部最优解的方案，同时提供了包含大量参数的深度模型正则化的解决方案（虽然缺乏稳固的理论基础）。在训练数据有限的监督学习情况下，预训练方法对性能而言是很重要的一个因素，该方法促成了2009年学术界和工业界研究者的合作，从而引起了信号处理领域对深度学习的极大兴趣。

深度学习是一项新兴技术。尽管目前已经有很多经验性的研究成果，但是仍然有很多工作需要开展。重要的是，深度学习的研究者还没有找到一个单独的深度学习技术能够成功应用到所有的分类任务中去。例如，虽然从经验上来说，通用的生成式预训练伴随判别式微调的学习策略在很多任务上应用的很好，但是在其他一些任务上却是失败的（例如语种识别或说话人识别）。对这些任务来说，在生成式预训练阶段提取的特征似乎可以很好地描述语音的变化，但是缺乏判别不同语言的信息。一种可以提取判别和不变性特征的学习策略应该可以提供更好的解决方案。这种思想被称为"理清"（disentangling），并在文献［24］中进行了扩展。此外，提取判别特征可以大大减少许多当前深度学习系统中模型的大小。领域知识是应用深度学习方法成功的关键。例如哪种不变性对于给定的一项特定任务（例如，视觉、语音或自然语言）是有用的？哪种以参数约束为标准的正则化是对深度学习方法应用的关键？此外，除本书讨论的几个流行的架构之外，目前深度学习领域正在积极研究新型的深度神经网络架构和学习策略（参见文献［24，89］），它们有望提高深度学习模型在更多具有挑战性的信号处理和人工智能应用中的性能。

最近发表的研究工作指出，现有深度架构的优化技术还有着巨大的提升空间[69,208,238,239,311,356,393]。究竟预训练对学习深度架构中整体参数的重要程度有多大，目前还在研究中，尤其是当有大量标注训练数据时，可以降低甚至消除模型的正则化的需求。一些初步结果已在本书和文献[55,161,323,429]中进行了讨论。

近年来，机器学习越来越依赖于大规模的数据集。例如，本书中讨论的许多最新成功的深度学习案例都依赖于大量数据集和强大的计算能力。如果不能获取到大量真实的数据集，没有相关的工程专业知识，探索新算法将会变得异常困难。深度学习算法的效能在很大程度上依赖于可获得的数据量和计算能力。正如我们所列举的语音识别的例子，一个深度学习算法在小的数据集上效果不是特别明显，但一旦数据量提升后，算法开始表现得相当好，这也是最近神经网络研究复苏的主要原因之一。举一个例子，如果有足够的数据和计算能力，那么引领（深度）机器学习研究新时代的深度置信网络预训练，看起来就并不是那么有必要了。

因此，有效且可扩展的并行算法对于训练拥有大量数据集的深度模型而言是极其重要的，如许多常见的信息处理的应用（语音识别和机器翻译）。众所周知，常用的"迷你批量"（mini-batch）随机梯度技术是难以通过计算机并行的。最近开发的异步随机梯度下降学习算法已通过大规模 CPU 集群[69,209]和 GPU 集群[59]实现，尽管我们非常期待这项技术的成熟，但目前而言最常见的做法还是使用 GPGPUs 加速学习过程。在这个有趣的计算架构中，并行中训练数据的不同子集上有很多深度学习计算梯度时的不同副本。这些梯度被传输到一个更新共享权重的中央参数服务器上。尽管每个副本通常使用不立即更新的参数值计算梯度，随机梯度下降对于其引入的轻微错误还是鲁棒的。为了使深度学习技术扩展到非常大的训练数据，如何合理地使用并行学习和优化算法以及新型的架构，在理论上需要进一步的发展[31,39,49,69,181,322,356]。为了推动语音识别前进到更高的层次，它的优化方法可能同时需要被考虑在内[46,149,393]。

目前，阻碍深度神经网络以及相关深度模型应用的一个主要屏障是：需要足够的能力和经验来合理地选择超参数的取值，譬如学习速率、正则项的强度以及层数和每层的单元个数等。一个超参数的合理值取决于其他超参数的取值，并且深度神经网络中超参数的微调代价很大。近来提出了一些用来解决这个问题的有趣方法，包括随机采样[32]和贝叶斯优化过程[337]。在这个重要领域内，我们有必要进行进一步的研究。

这本专著中第 8 章和第 11 章主要讲自然语言和多模态的应用，已经涉及应用深度学习方法的一些最新工作，本书所讲的使用有监督、无监督或者混合学习方法来直接进行模式识别研究并未涵盖这些工作。理论上讲，深度网络通过分层的网络单元集合做分布式表示（参见表 3.1），对推理、关系、实体、概念、事件、主题等进行编码，因此具有在结构上进行有效推理的潜力，正如先前一些早期出版物和最新论文中指出的那样[38,156,286,288,292,336,335]。尽管像第 8 章和第 11 章所回顾的，近来文献出现了深度网络在这方面进行了初始的探索，但仍然有很多工作需要做。如果成功的话，这类深度学习"机器"将会像一个"具有思维的大脑"那样，在人工智能领域中开创许多新颖而振奋人心的应用。虽然充满着全新的挑战，我们希望未来在这个领域将会有越来越多的深度学习的研究工作。

进一步来说，深度学习的方方面面都需要建立坚实的理论基础。比如说，深度学习在无监督的学习中并没有监督学习那样成功，但是深度学习的本质和主要动机是自动地发掘数据的表示。问题涉及高效地学习特征表示以及设计合理的深度学习架构/算法来高效地解决数据变化中潜在解释因素的分布式表示。不过，目前为止，绝大多数深度学习技术只是被成功用于解决无结构或者"扁平结构"的分类问题。例如，本质上来说，尽管语音识别是一个序列分类问题，在很多成功的大规模系统中，用一个独立的隐马尔可夫模型来处理序列结构，深度神经网络仅仅用来产生逐帧、无结构的后验分布。目前，已经有一些研究工作开始跨越"扁平结构"的表示，在深度学习架构和输入输出的表示方面同时引入结构信息[79,136,338,349]。

最后，深度学习研究者得到神经系统科学家的建议，开始考虑更加宽广的问题以及学习架构，以便于洞察大脑中或许对实际应用有效的生物学上有意义的表示[272]。研究分层的大脑结构而得到的更加科学的计算神经系统模型又将如何帮助提高工程中的深度学习架构的效能？为了进一步推动并拓展深度学习的领域，这一章中所讨论的问题均有待更进一步地深入研究。

附　　录

英文缩写	英文全称	中文翻译
ASGD	Asynchronous Gradient Descent	异步随机梯度下降
BM	Boltzmann Machine	玻尔兹曼机
BP	Back Propagation	反向传播算法
BPTT	Back-propagation through Time	沿时间反向传播
CBOW	Continuous Bag-of-words	连续词袋模型
CD DNN-HMM	Context-dependent Deep Neural Network – Hidden Markov Model	上下文相关的深度神经网络-隐马尔可夫模型
CNN	Convolutional Neural Networks	卷积神经网络
CD	Contrastive Divergence	对比散度
CRF	Conditional Random Field	条件随机场
DBM	Deep Boltzmann Machines	深度玻尔兹曼机
DBN	Deep Belief Network	深度置信网络
DCN	Deep Convex Network	深度凸网络
DSN	Deep Stacking Network	深度堆叠网络
DNN	Deep Neural Networks	深度神经网络
DSSM	Deep Semantic Similarity Model	深度语义相似模型
FIR	Finite Impulse Response	有限冲击响应滤波器
fMLLR	Feature-domain Max-likelihood Linear Regression	特征域最大似然线性回归
Gaussian RBM	Gaussian Restricted Boltzmann Machines	高斯受限玻尔兹曼机
Gaussian-Bernoulli RBM	Gaussian-Bernoulli Restricted Boltzmann Machines	高斯-伯努利受限玻尔兹曼机
GMM	Gaussian Mixture Models	高斯混合模型
HHMM	Hierarchical Hidden Markov Model	层级隐马尔可夫模型
HTM	Hierarchical Temporal Memory	层级时间记忆模型
IR	Information Retrieval	信息检索
KLD	Kullback – Leibler Divergence	KL散度
LM	Language model	语言模型
LR	Logistic Regression	逻辑回归
LSTM	Long-Short-Term Memory	长短时记忆

(续)

英文缩写	英文全称	中文翻译
MaxEnt	Maximum Entropy	最大熵模型
MCMC	Markov Chain Monte Carlo	蒙特卡罗马尔可夫链
mcRBM	Mean-covariance RBM	均值-协方差受限玻尔兹曼机
MLP	Multi-layer Perceptrons	多层感知器
MMI	Maximum Mutual Information	最大互信息
MPE	Minimum Phone Error	最小音素误差
NCE	Noise-contrastive Estimation	噪声对比估计
NLP	Natural Language Processing	自然语言处理
NNLM	Neural Network Language Model	神经网络语言模型
PCD	Persistent Contrastive Divergence	持续对比散度
RBM	Restricted Boltzmann Machine	受限玻尔兹曼机
ReLU	Rectified Linear Units	整流线性单元
RNN	Recurrent Neural Networks	递归神经网络
SGD	Stochastic Gradient Descend	随机梯度下降
SOUL-NNLM	Structured Output Layer-Neural Network Language Model	结构化输出层的神经网络语言模型
SESM	Sparse Encoding Symmetric Machine	对称稀疏编码机
SPN	Sum-product Network	和积网络
SVD	Singular Value Decomposition	奇异值分解
SVM	Support Vector Machines	支持向量机
TDNN	Time-delay Neural Network	延时神经网络
TDSN	Tensor Deep Stacking Network	张量深度堆叠网络
VQ	Vector Quantization	矢量量化
WER	Word Error Rate	词错误率

参 考 文 献

[1] O. Abdel-Hamid, L. Deng, and D. Yu. Exploring convolutional neural network structures and optimization for speech recognition. *Proceedings of Interspeech*, 2013.

[2] O. Abdel-Hamid, L. Deng, D. Yu, and H. Jiang. Deep segmental neural networks for speech recognition. In *Proceedings of Interspeech*. 2013.

[3] O. Abdel-Hamid, A. Mohamed, H. Jiang, and G. Penn. Applying convolutional neural networks concepts to hybrid NN-HMM model for speech recognition. In *Proceedings of International Conference on Acoustics Speech and Signal Processing (ICASSP)*. 2012.

[4] A. Acero, L. Deng, T. Kristjansson, and J. Zhang. HMM adaptation using vector taylor series for noisy speech recognition. In *Proceedings of Interspeech*. 2000.

[5] G. Alain and Y. Bengio. What regularized autoencoders learn from the data generating distribution. In *Proceedings of International Conference on Learning Representations (ICLR)*. 2013.

[6] G. Anthes. Deep learning comes of age. *Communications of the Association for Computing Machinery (ACM)*, 56(6):13–15, June 2013.

[7] I. Arel, C. Rose, and T. Karnowski. Deep machine learning — a new frontier in artificial intelligence. *IEEE Computational Intelligence Magazine*, 5:13–18, November 2010.

[8] E. Arisoy, T. Sainath, B. Kingsbury, and B. Ramabhadran. Deep neural network language models. In *Proceedings of the Joint Human Language Technology Conference and the North American Chapter of the Association of Computational Linguistics (HLT-NAACL) Workshop*. 2012.

[9] O. Aslan, H. Cheng, D. Schuurmans, and X. Zhang. Convex two-layer modeling. In *Proceedings of Neural Information Processing Systems (NIPS)*. 2013.

[10] J. Ba and B. Frey. Adaptive dropout for training deep neural networks. In *Proceedings of Neural Information Processing Systems (NIPS)*. 2013.

[11] J. Baker, L. Deng, J. Glass, S. Khudanpur, C.-H. Lee, N. Morgan, and D. O'Shaughnessy. Research developments and directions in speech recognition and understanding. *IEEE Signal Processing Magazine*, 26(3):75–80, May 2009.

[12] J. Baker, L. Deng, J. Glass, S. Khudanpur, C.-H. Lee, N. Morgan, and

D. O'Shaughnessy. Updated MINS report on speech recognition and understanding. *IEEE Signal Processing Magazine*, 26(4), July 2009.

[13] P. Baldi and P. Sadowski. Understanding dropout. In *Proceedings of Neural Information Processing Systems (NIPS)*. 2013.

[14] E. Battenberg, E. Schmidt, and J. Bello. *Deep learning for music, special session at International Conference on Acoustics Speech and Signal Processing (ICASSP)* (http://www.icassp2014.org/special_sections.html#ss8), 2014.

[15] E. Batternberg and D. Wessel. Analyzing drum patterns using conditional deep belief networks. In *Proceedings of International Symposium on Music Information Retrieval (ISMIR)*. 2012.

[16] P. Bell, P. Swietojanski, and S. Renals. Multi-level adaptive networks in tandem and hybrid ASR systems. In *Proceedings of International Conference on Acoustics Speech and Signal Processing (ICASSP)*. 2013.

[17] Y. Bengio. Artificial neural networks and their application to sequence recognition. Ph.D. Thesis, McGill University, Montreal, Canada, 1991.

[18] Y. Bengio. New distributed probabilistic language models. Technical Report, University of Montreal, 2002.

[19] Y. Bengio. Neural net language models. *Scholarpedia*, 3, 2008.

[20] Y. Bengio. Learning deep architectures for AI. in *Foundations and Trends in Machine Learning*, 2(1):1–127, 2009.

[21] Y. Bengio. Deep learning of representations for unsupervised and transfer learning. *Journal of Machine Learning Research Workshop and Conference Proceedings*, 27:17–37, 2012.

[22] Y. Bengio. Deep learning of representations: Looking forward. In *Statistical Language and Speech Processing*, pages 1–37. Springer, 2013.

[23] Y. Bengio, N. Boulanger, and R. Pascanu. Advances in optimizing recurrent networks. In *Proceedings of International Conference on Acoustics Speech and Signal Processing (ICASSP)*. 2013.

[24] Y. Bengio, A. Courville, and P. Vincent. Representation learning: A review and new perspectives. *IEEE Transactions on Pattern Analysis and Machine Intelligence (PAMI)*, 38:1798–1828, 2013.

[25] Y. Bengio, R. De Mori, G. Flammia, and R. Kompe. Global optimization of a neural network-hidden markov model hybrid. *IEEE Transactions on Neural Networks*, 3:252–259, 1992.

[26] Y. Bengio, R. Ducharme, P. Vincent, and C. Jauvin. A neural probabilistic language model. In *Proceedings of Neural Information Processing Systems (NIPS)*. 2000.

[27] Y. Bengio, R. Ducharme, P. Vincent, and C. Jauvin. A neural probabilistic language model. *Journal of Machine Learning Research*, 3:1137–

1155, 2003.

[28] Y. Bengio, P. Lamblin, D. Popovici, and H. Larochelle. Greedy layer-wise training of deep networks. In *Proceedings of Neural Information Processing Systems (NIPS)*. 2006.

[29] Y. Bengio, P. Simard, and P. Frasconi. Learning long-term dependencies with gradient descent is difficult. *IEEE Transactions on Neural Networks*, 5:157–166, 1994.

[30] Y. Bengio, E. Thibodeau-Laufer, and J. Yosinski. Deep generative stochastic networks trainable by backprop. arXiv 1306:1091, 2013. also accepted to appear in *Proceedings of International Conference on Machine Learning (ICML), 2014*.

[31] Y. Bengio, L. Yao, G. Alain, and P. Vincent. Generalized denoising autoencoders as generative models. In *Proceedings of Neural Information Processing Systems (NIPS)*. 2013.

[32] J. Bergstra and Y. Bengio. Random search for hyper-parameter optimization. *Journal on Machine Learning Research*, 3:281–305, 2012.

[33] A. Biem, S. Katagiri, E. McDermott, and B. Juang. An application of discriminative feature extraction to filter-bank-based speech recognition. *IEEE Transactions on Speech and Audio Processing*, 9:96–110, 2001.

[34] J. Bilmes. Dynamic graphical models. *IEEE Signal Processing Magazine*, 33:29–42, 2010.

[35] J. Bilmes and C. Bartels. Graphical model architectures for speech recognition. *IEEE Signal Processing Magazine*, 22:89–100, 2005.

[36] A. Bordes, X. Glorot, J. Weston, and Y. Bengio. A semantic matching energy function for learning with multi-relational data — application to word-sense disambiguation. *Machine Learning*, May 2013.

[37] A. Bordes, J. Weston, R. Collobert, and Y. Bengio. Learning structured embeddings of knowledge bases. In *Proceedings of Association for the Advancement of Artificial Intelligence (AAAI)*. 2011.

[38] L. Bottou. From machine learning to machine reasoning: An essay. *Journal of Machine Learning Research*, 14:3207–3260, 2013.

[39] L. Bottou and Y. LeCun. Large scale online learning. In *Proceedings of Neural Information Processing Systems (NIPS)*. 2004.

[40] N. Boulanger-Lewandowski, Y. Bengio, and P. Vincent. Modeling Temporal dependencies in high-dimensional sequences: Application to polyphonic music generation and transcription. In *Proceedings of International Conference on Machine Learning (ICML)*. 2012.

[41] N. Boulanger-Lewandowski, Y. Bengio, and P. Vincent. Audio chord recognition with recurrent neural networks. In *Proceedings of Interna-*

tional Symposium on Music Information Retrieval (ISMIR). 2013.

[42] H. Bourlard and N. Morgan. *Connectionist Speech Recognition: A Hybrid Approach*. Kluwer, Norwell, MA, 1993.

[43] J. Bouvrie. Hierarchical learning: Theory with applications in speech and vision. Ph.D. thesis, MIT, 2009.

[44] L. Breiman. Stacked regression. *Machine Learning*, 24:49–64, 1996.

[45] J. Bridle, L. Deng, J. Picone, H. Richards, J. Ma, T. Kamm, M. Schuster, S. Pike, and R. Reagan. An investigation of segmental hidden dynamic models of speech coarticulation for automatic speech recognition. Final Report for 1998 Workshop on Language Engineering, CLSP, Johns Hopkins, 1998.

[46] P. Cardinal, P. Dumouchel, and G. Boulianne. Large vocabulary speech recognition on parallel architectures. *IEEE Transactions on Audio, Speech, and Language Processing*, 21(11):2290–2300, November 2013.

[47] R. Caruana. Multitask learning. *Machine Learning*, 28:41–75, 1997.

[48] J. Chen and L. Deng. A primal-dual method for training recurrent neural networks constrained by the echo-state property. In *Proceedings of International Conference on Learning Representations*. April 2014.

[49] X. Chen, A. Eversole, G. Li, D. Yu, and F. Seide. Pipelined back-propagation for context-dependent deep neural networks. In *Proceedings of Interspeech*. 2012.

[50] R. Chengalvarayan and L. Deng. Hmm-based speech recognition using state-dependent, discriminatively derived transforms on Mel-warped DFT features. *IEEE Transactions on Speech and Audio Processing*, pages 243–256, 1997.

[51] R. Chengalvarayan and L. Deng. Use of generalized dynamic feature parameters for speech recognition. *IEEE Transactions on Speech and Audio Processing*, pages 232–242, 1997a.

[52] R. Chengalvarayan and L. Deng. Speech trajectory discrimination using the minimum classification error learning. *IEEE Transactions on Speech and Audio Processing*, 6(6):505–515, 1998.

[53] Y. Cho and L. Saul. Kernel methods for deep learning. In *Proceedings of Neural Information Processing Systems (NIPS)*, pages 342–350. 2009.

[54] D. Ciresan, A. Giusti, L. Gambardella, and J. Schmidhuber. Deep neural networks segment neuronal membranes in electron microscopy images. In *Proceedings of Neural Information Processing Systems (NIPS)*. 2012.

[55] D. Ciresan, U. Meier, L. Gambardella, and J. Schmidhuber. Deep, big, simple neural nets for handwritten digit recognition. *Neural Computation*, December 2010.

[56] D. Ciresan, U. Meier, J. Masci, and J. Schmidhuber. A committee of neural networks for traffic sign classification. In *Proceedings of International Joint Conference on Neural Networks (IJCNN)*. 2011.

[57] D. Ciresan, U. Meier, and J. Schmidhuber. Multi-column deep neural networks for image classification. In *Proceedings of Computer Vision and Pattern Recognition (CVPR)*. 2012.

[58] D. C. Ciresan, U. Meier, and J. Schmidhuber. Transfer learning for Latin and Chinese characters with deep neural networks. In *Proceedings of International Joint Conference on Neural Networks (IJCNN)*. 2012.

[59] A. Coates, B. Huval, T. Wang, D. Wu, A. Ng, and B. Catanzaro. Deep learning with COTS HPC. In *Proceedings of International Conference on Machine Learning (ICML)*. 2013.

[60] W. Cohen and R. V. de Carvalho. Stacked sequential learning. In *Proceedings of International Joint Conference on Artificial Intelligence (IJCAI)*, pages 671–676. 2005.

[61] R. Collobert. Deep learning for efficient discriminative parsing. In *Proceedings of Artificial Intelligence and Statistics (AISTATS)*. 2011.

[62] R. Collobert and J. Weston. A unified architecture for natural language processing: Deep neural networks with multitask learning. In *Proceedings of International Conference on Machine Learning (ICML)*. 2008.

[63] R. Collobert, J. Weston, L. Bottou, M. Karlen, K. Kavukcuoglu, and P. Kuksa. Natural language processing (almost) from scratch. *Journal on Machine Learning Research*, 12:2493–2537, 2011.

[64] G. Dahl, M. Ranzato, A. Mohamed, and G. Hinton. Phone recognition with the mean-covariance restricted boltzmann machine. In *Proceedings of Neural Information Processing Systems (NIPS)*, volume 23, pages 469–477. 2010.

[65] G. Dahl, T. Sainath, and G. Hinton. Improving deep neural networks for LVCSR using rectified linear units and dropout. In *Proceedings of International Conference on Acoustics Speech and Signal Processing (ICASSP)*. 2013.

[66] G. Dahl, J. Stokes, L. Deng, and D. Yu. Large-scale malware classification using random projections and neural networks. In *Proceedings of International Conference on Acoustics Speech and Signal Processing (ICASSP)*. 2013.

[67] G. Dahl, D. Yu, L. Deng, and A. Acero. Context-dependent DBN-HMMs in large vocabulary continuous speech recognition. In *Proceedings of International Conference on Acoustics Speech and Signal Processing (ICASSP)*. 2011.

[68] G. Dahl, D. Yu, L. Deng, and A. Acero. Context-dependent, pre-trained

deep neural networks for large vocabulary speech recognition. *IEEE Transactions on Audio, Speech, & Language Processing*, 20(1):30–42, January 2012.

[69] J. Dean, G. Corrado, R. Monga, K. Chen, M. Devin, Q. Le, M. Mao, M. Ranzato, A. Senior, P. Tucker, K. Yang, and A. Ng. Large scale distributed deep networks. In *Proceedings of Neural Information Processing Systems (NIPS)*. 2012.

[70] K. Demuynck and F. Triefenbach. Porting concepts from DNNs back to GMMs. In *Proceedings of the Automatic Speech Recognition and Understanding Workshop (ASRU)*. 2013.

[71] L. Deng. A generalized hidden Markov model with state-conditioned trend functions of time for the speech signal. *Signal Processing*, 27(1):65–78, 1992.

[72] L. Deng. A stochastic model of speech incorporating hierarchical nonstationarity. *IEEE Transactions on Speech and Audio Processing*, 1(4):471–475, 1993.

[73] L. Deng. A dynamic, feature-based approach to the interface between phonology and phonetics for speech modeling and recognition. *Speech Communication*, 24(4):299–323, 1998.

[74] L. Deng. Computational models for speech production. In *Computational Models of Speech Pattern Processing*, pages 199–213. Springer Verlag, 1999.

[75] L. Deng. Switching dynamic system models for speech articulation and acoustics. In *Mathematical Foundations of Speech and Language Processing*, pages 115–134. Springer-Verlag, New York, 2003.

[76] L. Deng. *Dynamic Speech Models — Theory, Algorithm, and Application*. Morgan & Claypool, December 2006.

[77] L. Deng. An overview of deep-structured learning for information processing. In *Proceedings of Asian-Pacific Signal & Information Processing Annual Summit and Conference (APSIPA-ASC)*. October 2011.

[78] L. Deng. The MNIST database of handwritten digit images for machine learning research. *IEEE Signal Processing Magazine*, 29(6), November 2012.

[79] L. Deng. Design and learning of output representations for speech recognition. In *Neural Information Processing Systems (NIPS) Workshop on Learning Output Representations*. December 2013.

[80] L. Deng. A tutorial survey of architectures, algorithms, and applications for deep learning. In *Asian-Pacific Signal & Information Processing Association Transactions on Signal and Information Processing*. 2013.

[81] L. Deng, O. Abdel-Hamid, and D. Yu. A deep convolutional neural

network using heterogeneous pooling for trading acoustic invariance with phonetic confusion. In *Proceedings of International Conference on Acoustics Speech and Signal Processing (ICASSP)*. 2013.

[82] L. Deng, A. Acero, L. Jiang, J. Droppo, and X. Huang. High performance robust speech recognition using stereo training data. In *Proceedings of International Conference on Acoustics Speech and Signal Processing (ICASSP)*. 2001.

[83] L. Deng and M. Aksmanovic. Speaker-independent phonetic classification using hidden markov models with state-conditioned mixtures of trend functions. *IEEE Transactions on Speech and Audio Processing*, 5:319–324, 1997.

[84] L. Deng, M. Aksmanovic, D. Sun, and J. Wu. Speech recognition using hidden Markov models with polynomial regression functions as nonstationary states. *IEEE Transactions on Speech and Audio Processing*, 2(4):507–520, 1994.

[85] L. Deng and J. Chen. Sequence classification using the high-level features extracted from deep neural networks. In *Proceedings of International Conference on Acoustics Speech and Signal Processing (ICASSP)*. 2014.

[86] L. Deng and K. Erler. Structural design of a hidden Markov model based speech recognizer using multi-valued phonetic features: Comparison with segmental speech units. *Journal of the Acoustical Society of America*, 92(6):3058–3067, 1992.

[87] L. Deng, K. Hassanein, and M. Elmasry. Analysis of correlation structure for a neural predictive model with application to speech recognition. *Neural Networks*, 7(2):331–339, 1994.

[88] L. Deng, X. He, and J. Gao. Deep stacking networks for information retrieval. In *Proceedings of International Conference on Acoustics Speech and Signal Processing (ICASSP)*. 2013c.

[89] L. Deng, G. Hinton, and B. Kingsbury. New types of deep neural network learning for speech recognition and related applications: An overview. In *Proceedings of International Conference on Acoustics Speech and Signal Processing (ICASSP)*. 2013b.

[90] L. Deng and X. D. Huang. Challenges in adopting speech recognition. *Communications of the Association for Computing Machinery (ACM)*, 47(1):11–13, January 2004.

[91] L. Deng, B. Hutchinson, and D. Yu. Parallel training of deep stacking networks. In *Proceedings of Interspeech*. 2012b.

[92] L. Deng, M. Lennig, V. Gupta, F. Seitz, P. Mermelstein, and P. Kenny. Phonemic hidden Markov models with continuous mixture output densities for large vocabulary word recognition. *IEEE Transactions on Signal Processing*, 39(7):1677–1681, 1991.

[93] L. Deng, M. Lennig, F. Seitz, and P. Mermelstein. Large vocabulary word recognition using context-dependent allophonic hidden Markov models. *Computer Speech and Language*, 4(4):345–357, 1990.

[94] L. Deng, J. Li, K. Huang, Yao, D. Yu, F. Seide, M. Seltzer, G. Zweig, X. He, J. Williams, Y. Gong, and A. Acero. Recent advances in deep learning for speech research at Microsoft. In *Proceedings of International Conference on Acoustics Speech and Signal Processing (ICASSP)*. 2013a.

[95] L. Deng and X. Li. Machine learning paradigms in speech recognition: An overview. *IEEE Transactions on Audio, Speech, & Language*, 21:1060–1089, May 2013.

[96] L. Deng and J. Ma. Spontaneous speech recognition using a statistical coarticulatory model for the vocal tract resonance dynamics. *Journal of the Acoustical Society America*, 108:3036–3048, 2000.

[97] L. Deng and D. O'Shaughnessy. *Speech Processing — A Dynamic and Optimization-Oriented Approach*. Marcel Dekker, 2003.

[98] L. Deng, G. Ramsay, and D. Sun. Production models as a structural basis for automatic speech recognition. *Speech Communication*, 33(2–3):93–111, August 1997.

[99] L. Deng and H. Sameti. Transitional speech units and their representation by regressive Markov states: Applications to speech recognition. *IEEE Transactions on speech and audio processing*, 4(4):301–306, July 1996.

[100] L. Deng, M. Seltzer, D. Yu, A. Acero, A. Mohamed, and G. Hinton. Binary coding of speech spectrograms using a deep autoencoder. In *Proceedings of Interspeech*. 2010.

[101] L. Deng and D. Sun. A statistical approach to automatic speech recognition using the atomic speech units constructed from overlapping articulatory features. *Journal of the Acoustical Society of America*, 85(5):2702–2719, 1994.

[102] L. Deng, G. Tur, X. He, and D. Hakkani-Tur. Use of kernel deep convex networks and end-to-end learning for spoken language understanding. In *Proceedings of IEEE Workshop on Spoken Language Technologies*. December 2012.

[103] L. Deng, K. Wang, A. Acero, H. W. Hon, J. Droppo, C. Boulis, Y. Wang, D. Jacoby, M. Mahajan, C. Chelba, and X. Huang. Distributed speech processing in mipad's multimodal user interface. *IEEE Transactions on Speech and Audio Processing*, 10(8):605–619, 2002.

[104] L. Deng, J. Wu, J. Droppo, and A. Acero. Dynamic compensation of HMM variances using the feature enhancement uncertainty computed from a parametric model of speech distortion. *IEEE Transactions on*

Speech and Audio Processing, 13(3):412–421, 2005.

[105] L. Deng and D. Yu. Use of differential cepstra as acoustic features in hidden trajectory modeling for phonetic recognition. In *Proceedings of International Conference on Acoustics Speech and Signal Processing (ICASSP)*. 2007.

[106] L. Deng and D. Yu. Deep convex network: A scalable architecture for speech pattern classification. In *Proceedings of Interspeech*. 2011.

[107] L. Deng, D. Yu, and A. Acero. A bidirectional target filtering model of speech coarticulation: Two-stage implementation for phonetic recognition. *IEEE Transactions on Audio and Speech Processing*, 14(1):256–265, January 2006.

[108] L. Deng, D. Yu, and A. Acero. Structured speech modeling. *IEEE Transactions on Audio, Speech and Language Processing*, 14(5):1492–1504, September 2006.

[109] L. Deng, D. Yu, and G. Hinton. Deep learning for speech recognition and related applications. *Neural Information Processing Systems (NIPS) Workshop*, 2009.

[110] L. Deng, D. Yu, and J. Platt. Scalable stacking and learning for building deep architectures. In *Proceedings of International Conference on Acoustics Speech and Signal Processing (ICASSP)*. 2012a.

[111] T. Deselaers, S. Hasan, O. Bender, and H. Ney. A deep learning approach to machine transliteration. In *Proceedings of 4th Workshop on Statistical Machine Translation*, pages 233–241. Athens, Greece, March 2009.

[112] A. Diez. Automatic language recognition using deep neural networks. Thesis, Universidad Autonoma de Madrid, SPAIN, September 2013.

[113] P. Dognin and V. Goel. Combining stochastic average gradient and hessian-free optimization for sequence training of deep neural networks. In *Proceedings of the Automatic Speech Recognition and Understanding Workshop (ASRU)*. 2013.

[114] D. Erhan, Y. Bengio, A. Courvelle, P. Manzagol, P. Vencent, and S. Bengio. Why does unsupervised pre-training help deep learning? *Journal on Machine Learning Research*, pages 201–208, 2010.

[115] R. Fernandez, A. Rendel, B. Ramabhadran, and R. Hoory. F0 contour prediction with a deep belief network-gaussian process hybrid model. In *Proceedings of International Conference on Acoustics Speech and Signal Processing (ICASSP)*, pages 6885–6889. 2013.

[116] S. Fine, Y. Singer, and N. Tishby. The hierarchical hidden Markov model: Analysis and applications. *Machine Learning*, 32:41–62, 1998.

[117] A. Frome, G. Corrado, J. Shlens, S. Bengio, J. Dean, M. Ranzato, and T. Mikolov. Devise: A deep visual-semantic embedding model. In *Pro-

ceedings of *Neural Information Processing Systems (NIPS)*. 2013.

[118] Q. Fu, X. He, and L. Deng. Phone-discriminating minimum classification error (p-mce) training for phonetic recognition. In *Proceedings of Interspeech*. 2007.

[119] M. Gales. Model-based approaches to handling uncertainty. In *Robust Speech Recognition of Uncertain or Missing Data: Theory and Application*, pages 101–125. Springer, 2011.

[120] J. Gao, X. He, and J.-Y. Nie. Clickthrough-based translation models for web search: From word models to phrase models. In *Proceedings of Conference on Information and Knowledge Management (CIKM)*. 2010.

[121] J. Gao, X. He, W. Yih, and L. Deng. Learning semantic representations for the phrase translation model. In *Proceedings of Neural Information Processing Systems (NIPS) Workshop on Deep Learning*. December 2013.

[122] J. Gao, X. He, W. Yih, and L. Deng. Learning semantic representations for the phrase translation model. MSR-TR-2013-88, September 2013.

[123] J. Gao, X. He, W. Yih, and L. Deng. Learning continuous phrase representations for translation modeling. In *Proceedings of Association for Computational Linguistics (ACL)*. 2014.

[124] J. Gao, K. Toutanova, and W.-T. Yih. Clickthrough-based latent semantic models for web search. In *Proceedings of Special Interest Group on Information Retrieval (SIGIR)*. 2011.

[125] R. Gens and P. Domingo. Discriminative learning of sum-product networks. *Neural Information Processing Systems (NIPS)*, 2012.

[126] D. George. How the brain might work: A hierarchical and temporal model for learning and recognition. Ph.D. thesis, Stanford University, 2008.

[127] M. Gibson and T. Hain. Error approximation and minimum phone error acoustic model estimation. *IEEE Transactions on Audio, Speech, and Language Processing*, 18(6):1269–1279, August 2010.

[128] R. Girshick, J. Donahue, T. Darrell, and J. Malik. Rich feature hierarchies for accurate object detection and semantic segmentation. arXiv:1311.2524v1, 2013.

[129] X. Glorot and Y. Bengio. Understanding the difficulty of training deep feed-forward neural networks. In *Proceedings of Artificial Intelligence and Statistics (AISTATS)*. 2010.

[130] X. Glorot, A. Bordes, and Y. Bengio. Deep sparse rectifier neural networks. In *Proceedings of Artificial Intelligence and Statistics (AISTATS)*. April 2011.

[131] I. Goodfellow, M. Mirza, A. Courville, and Y. Bengio. Multi-prediction

deep boltzmann machines. In *Proceedings of Neural Information Processing Systems (NIPS)*. 2013.

[132] E. Grais, M. Sen, and H. Erdogan. Deep neural networks for single channel source separation. arXiv:1311.2746v1, 2013.

[133] A. Graves. Sequence transduction with recurrent neural networks. *Representation Learning Workshop, International Conference on Machine Learning (ICML)*, 2012.

[134] A. Graves, S. Fernandez, F. Gomez, and J. Schmidhuber. Connectionist temporal classification: Labeling unsegmented sequence data with recurrent neural networks. In *Proceedings of International Conference on Machine Learning (ICML)*. 2006.

[135] A. Graves, N. Jaitly, and A. Mohamed. Hybrid speech recognition with deep bidirectional LSTM. In *Proceedings of the Automatic Speech Recognition and Understanding Workshop (ASRU)*. 2013.

[136] A. Graves, A. Mohamed, and G. Hinton. Speech recognition with deep recurrent neural networks. In *Proceedings of International Conference on Acoustics Speech and Signal Processing (ICASSP)*. 2013.

[137] F. Grezl and P. Fousek. Optimizing bottle-neck features for LVCSR. In *Proceedings of International Conference on Acoustics Speech and Signal Processing (ICASSP)*. 2008.

[138] C. Gulcehre, K. Cho, R. Pascanu, and Y. Bengio. Learned-norm pooling for deep feedforward and recurrent neural networks. http://arxiv.org/abs/1311.1780, 2014.

[139] M. Gutmann and A. Hyvarinen. Noise-contrastive estimation of unnormalized statistical models, with applications to natural image statistics. *Journal of Machine Learning Research*, 13:307–361, 2012.

[140] T. Hain, L. Burget, J. Dines, P. Garner, F. Grezl, A. Hannani, M. Huijbregts, M. Karafiat, M. Lincoln, and V. Wan. Transcribing meetings with the AMIDA systems. *IEEE Transactions on Audio, Speech, and Language Processing*, 20:486–498, 2012.

[141] P. Hamel and D. Eck. Learning features from music audio with deep belief networks. In *Proceedings of International Symposium on Music Information Retrieval (ISMIR)*. 2010.

[142] G. Hawkins, S. Ahmad, and D. Dubinsky. Hierarchical temporal memory including HTM cortical learning algorithms. Numenta Technical Report, December 10 2010.

[143] J. Hawkins and S. Blakeslee. *On Intelligence: How a New Understanding of the Brain will lead to the Creation of Truly Intelligent Machines*. Times Books, New York, 2004.

[144] X. He and L. Deng. Speech recognition, machine translation, and speech

translation — a unifying discriminative framework. *IEEE Signal Processing Magazine*, 28, November 2011.

[145] X. He and L. Deng. Optimization in speech-centric information processing: Criteria and techniques. In *Proceedings of International Conference on Acoustics Speech and Signal Processing (ICASSP)*. 2012.

[146] X. He and L. Deng. Speech-centric information processing: An optimization-oriented approach. In *Proceedings of the IEEE*. 2013.

[147] X. He, L. Deng, and W. Chou. Discriminative learning in sequential pattern recognition — a unifying review for optimization-oriented speech recognition. *IEEE Signal Processing Magazine*, 25:14–36, 2008.

[148] G. Heigold, H. Ney, P. Lehnen, T. Gass, and R. Schluter. Equivalence of generative and log-liner models. *IEEE Transactions on Audio, Speech, and Language Processing*, 19(5):1138–1148, February 2011.

[149] G. Heigold, H. Ney, and R. Schluter. Investigations on an EM-style optimization algorithm for discriminative training of HMMs. *IEEE Transactions on Audio, Speech, and Language Processing*, 21(12):2616–2626, December 2013.

[150] G. Heigold, V. Vanhoucke, A. Senior, P. Nguyen, M. Ranzato, M. Devin, and J. Dean. Multilingual acoustic models using distributed deep neural networks. In *Proceedings of International Conference on Acoustics Speech and Signal Processing (ICASSP)*. 2013.

[151] I. Heintz, E. Fosler-Lussier, and C. Brew. Discriminative input stream combination for conditional random field phone recognition. *IEEE Transactions on Audio, Speech, and Language Processing*, 17(8):1533–1546, November 2009.

[152] M. Henderson, B. Thomson, and S. Young. Deep neural network approach for the dialog state tracking challenge. In *Proceedings of Special Interest Group on Disclosure and Dialogue (SIGDIAL)*. 2013.

[153] M. Hermans and B. Schrauwen. Training and analysing deep recurrent neural networks. In *Proceedings of Neural Information Processing Systems (NIPS)*. 2013.

[154] H. Hermansky, D. Ellis, and S. Sharma. Tandem connectionist feature extraction for conventional HMM systems. In *Proceedings of International Conference on Acoustics Speech and Signal Processing (ICASSP)*. 2000.

[155] Y. Hifny and S. Renals. Speech recognition using augmented conditional random fields. *IEEE Transactions on Audio, Speech, and Language Processing*, 17(2):354–365, February 2009.

[156] G. Hinton. Mapping part-whole hierarchies into connectionist networks. *Artificial Intelligence*, 46:47–75, 1990.

[157] G. Hinton. Preface to the special issue on connectionist symbol processing. *Artificial Intelligence*, 46:1–4, 1990.

[158] G. Hinton. The ups and downs of Hebb synapses. *Canadian Psychology*, 44:10–13, 2003.

[159] G. Hinton. A practical guide to training restricted boltzmann machines. UTML Tech Report 2010-003, Univ. Toronto, August 2010.

[160] G. Hinton. A better way to learn features. *Communications of the Association for Computing Machinery (ACM)*, 54(10), October 2011.

[161] G. Hinton, L. Deng, D. Yu, G. Dahl, A. Mohamed, N. Jaitly, A. Senior, V. Vanhoucke, P. Nguyen, T. Sainath, and B. Kingsbury. Deep neural networks for acoustic modeling in speech recognition. *IEEE Signal Processing Magazine*, 29(6):82–97, November 2012.

[162] G. Hinton, A. Krizhevsky, and S. Wang. Transforming autoencoders. In *Proceedings of International Conference on Artificial Neural Networks*. 2011.

[163] G. Hinton, S. Osindero, and Y. Teh. A fast learning algorithm for deep belief nets. *Neural Computation*, 18:1527–1554, 2006.

[164] G. Hinton and R. Salakhutdinov. Reducing the dimensionality of data with neural networks. *Science*, 313(5786):504–507, July 2006.

[165] G. Hinton and R. Salakhutdinov. Discovering binary codes for documents by learning deep generative models. *Topics in Cognitive Science*, pages 1–18, 2010.

[166] G. Hinton, N. Srivastava, A. Krizhevsky, I. Sutskever, and R. Salakhutdinov. Improving neural networks by preventing co-adaptation of feature detectors. arXiv: 1207.0580v1, 2012.

[167] S. Hochreiter. Untersuchungen zu dynamischen neuronalen netzen. Diploma thesis, Institut fur Informatik, Technische Universitat Munchen, 1991.

[168] S. Hochreiter and J. Schmidhuber. Long short-term memory. *Neural Computation*, 9:1735–1780, 1997.

[169] E. Huang, R. Socher, C. Manning, and A. Ng. Improving word representations via global context and multiple word prototypes. In *Proceedings of Association for Computational Linguistics (ACL)*. 2012.

[170] J. Huang, J. Li, L. Deng, and D. Yu. Cross-language knowledge transfer using multilingual deep neural networks with shared hidden layers. In *Proceedings of International Conference on Acoustics Speech and Signal Processing (ICASSP)*. 2013.

[171] P. Huang, L. Deng, M. Hasegawa-Johnson, and X. He. Random features for kernel deep convex network. In *Proceedings of International Conference on Acoustics Speech and Signal Processing (ICASSP)*. 2013.

[172] P. Huang, X. He, J. Gao, L. Deng, A. Acero, and L. Heck. Learning deep structured semantic models for web search using clickthrough data. *Association for Computing Machinery (ACM) International Conference Information and Knowledge Management (CIKM)*, 2013.

[173] P. Huang, K. Kumar, C. Liu, Y. Gong, and L. Deng. Predicting speech recognition confidence using deep learning with word identity and score features. In *Proceedings of International Conference on Acoustics Speech and Signal Processing (ICASSP)*. 2013.

[174] S. Huang and S. Renals. Hierarchical bayesian language models for conversational speech recognition. *IEEE Transactions on Audio, Speech, and Language Processing*, 18(8):1941–1954, November 2010.

[175] X. Huang, A. Acero, C. Chelba, L. Deng, J. Droppo, D. Duchene, J. Goodman, and H. Hon. Mipad: A multimodal interaction prototype. In *Proceedings of International Conference on Acoustics Speech and Signal Processing (ICASSP)*. 2001.

[176] Y. Huang, D. Yu, Y. Gong, and C. Liu. Semi-supervised GMM and DNN acoustic model training with multi-system combination and confidence re-calibration. In *Proceedings of Interspeech*, pages 2360–2364. 2013.

[177] E. Humphrey and J. Bello. Rethinking automatic chord recognition with convolutional neural networks. In *Proceedings of International Conference on Machine Learning and Application (ICMLA)*. 2012a.

[178] E. Humphrey, J. Bello, and Y. LeCun. Moving beyond feature design: Deep architectures and automatic feature learning in music informatics. In *Proceedings of International Symposium on Music Information Retrieval (ISMIR)*. 2012.

[179] E. Humphrey, J. Bello, and Y. LeCun. Feature learning and deep architectures: New directions for music informatics. *Journal of Intelligent Information Systems*, 2013.

[180] B. Hutchinson, L. Deng, and D. Yu. A deep architecture with bilinear modeling of hidden representations: Applications to phonetic recognition. In *Proceedings of International Conference on Acoustics Speech and Signal Processing (ICASSP)*. 2012.

[181] B. Hutchinson, L. Deng, and D. Yu. Tensor deep stacking networks. *IEEE Transactions on Pattern Analysis and Machine Intelligence*, 35:1944–1957, 2013.

[182] D. Imseng, P. Motlicek, P. Garner, and H. Bourlard. Impact of deep MLP architecture on different modeling techniques for under-resourced speech recognition. In *Proceedings of the Automatic Speech Recognition and Understanding Workshop (ASRU)*. 2013.

[183] N. Jaitly and G. Hinton. Learning a better representation of speech sound waves using restricted boltzmann machines. In *Proceedings of*

International Conference on Acoustics Speech and Signal Processing (ICASSP). 2011.

[184] N. Jaitly, P. Nguyen, and V. Vanhoucke. Application of pre-trained deep neural networks to large vocabulary speech recognition. In *Proceedings of Interspeech*. 2012.

[185] K. Jarrett, K. Kavukcuoglu, and Y. LeCun. What is the best multistage architecture for object recognition? In *Proceedings of International Conference on Computer Vision*, pages 2146–2153. 2009.

[186] H. Jiang and X. Li. Parameter estimation of statistical models using convex optimization: An advanced method of discriminative training for speech and language processing. *IEEE Signal Processing Magazine*, 27(3):115–127, 2010.

[187] B. Juang, S. Levinson, and M. Sondhi. Maximum likelihood estimation for multivariate mixture observations of Markov chains. *IEEE Transactions on Information Theory*, 32:307–309, 1986.

[188] B.-H. Juang, W. Chou, and C.-H. Lee. Minimum classification error rate methods for speech recognition. *IEEE Transactions On Speech and Audio Processing*, 5:257–265, 1997.

[189] S. Kahou et al. Combining modality specific deep neural networks for emotion recognition in video. In *Proceedings of International Conference on Multimodal Interaction (ICMI)*. 2013.

[190] S. Kang, X. Qian, and H. Meng. Multi-distribution deep belief network for speech synthesis. In *Proceedings of International Conference on Acoustics Speech and Signal Processing (ICASSP)*, pages 8012–8016. 2013.

[191] Y. Kashiwagi, D. Saito, N. Minematsu, and K. Hirose. Discriminative piecewise linear transformation based on deep learning for noise robust automatic speech recognition. In *Proceedings of the Automatic Speech Recognition and Understanding Workshop (ASRU)*. 2013.

[192] K. Kavukcuoglu, P. Sermanet, Y. Boureau, K. Gregor, M. Mathieu, and Y. LeCun. Learning convolutional feature hierarchies for visual recognition. In *Proceedings of Neural Information Processing Systems (NIPS)*. 2010.

[193] H. Ketabdar and H. Bourlard. Enhanced phone posteriors for improving speech recognition systems. *IEEE Transactions on Audio, Speech, and Language Processing*, 18(6):1094–1106, August 2010.

[194] B. Kingsbury. Lattice-based optimization of sequence classification criteria for neural-network acoustic modeling. In *Proceedings of International Conference on Acoustics Speech and Signal Processing (ICASSP)*. 2009.

[195] B. Kingsbury, T. Sainath, and H. Soltau. Scalable minimum bayes

risk training of deep neural network acoustic models using distributed hessian-free optimization. In *Proceedings of Interspeech*. 2012.

[196] R. Kiros, R. Zemel, and R. Salakhutdinov. Multimodal neural language models. In *Proceedings of Neural Information Processing Systems (NIPS) Deep Learning Workshop*. 2013.

[197] T. Ko and B. Mak. Eigentriphones for context-dependent acoustic modeling. *IEEE Transactions on Audio, Speech, and Language Processing*, 21(6):1285–1294, 2013.

[198] A. Krizhevsky, I. Sutskever, and G. Hinton. Imagenet classification with deep convolutional neural networks. In *Proceedings of Neural Information Processing Systems (NIPS)*. 2012.

[199] Y. Kubo, T. Hori, and A. Nakamura. Integrating deep neural networks into structural classification approach based on weighted finite-state transducers. In *Proceedings of Interspeech*. 2012.

[200] R. Kurzweil. *How to Create a Mind*. Viking Books, December 2012.

[201] P. Lal and S. King. Cross-lingual automatic speech recognition using tandem features. *IEEE Transactions on Audio, Speech, and Language Processing*, 21(12):2506–2515, December 2013.

[202] K. Lang, A. Waibel, and G. Hinton. A time-delay neural network architecture for isolated word recognition. *Neural Networks*, 3(1):23–43, 1990.

[203] H. Larochelle and Y. Bengio. Classification using discriminative restricted boltzmann machines. In *Proceedings of International Conference on Machine Learning (ICML)*. 2008.

[204] D. Le and P. Mower. Emotion recognition from spontaneous speech using hidden markov models with deep belief networks. In *Proceedings of the Automatic Speech Recognition and Understanding Workshop (ASRU)*. 2013.

[205] H. Le, A. Allauzen, G. Wisniewski, and F. Yvon. Training continuous space language models: Some practical issues. In *Proceedings of Empirical Methods in Natural Language Processing (EMNLP)*, pages 778–788. 2010.

[206] H. Le, I. Oparin, A. Allauzen, J. Gauvain, and F. Yvon. Structured output layer neural network language model. In *Proceedings of International Conference on Acoustics Speech and Signal Processing (ICASSP)*. 2011.

[207] H. Le, I. Oparin, A. Allauzen, J.-L. Gauvain, and F. Yvon. Structured output layer neural network language models for speech recognition. *IEEE Transactions on Audio, Speech, and Language Processing*, 21(1):197–206, January 2013.

[208] Q. Le, J. Ngiam, A. Coates, A. Lahiri, B. Prochnow, and A. Ng. On optimization methods for deep learning. In *Proceedings of International*

Conference on Machine Learning (ICML). 2011.

[209] Q. Le, M. Ranzato, R. Monga, M. Devin, G. Corrado, K. Chen, J. Dean, and A. Ng. Building high-level features using large scale unsupervised learning. In *Proceedings of International Conference on Machine Learning (ICML)*. 2012.

[210] Y. LeCun. Learning invariant feature hierarchies. In *Proceedings of European Conference on Computer Vision (ECCV)*. 2012.

[211] Y. LeCun and Y. Bengio. Convolutional networks for images, speech, and time series. In M. Arbib, editor, *The Handbook of Brain Theory and Neural Networks*, pages 255–258. MIT Press, Cambridge, Massachusetts, 1995.

[212] Y. LeCun, L. Bottou, Y. Bengio, and P. Haffner. Gradient-based learning applied to document recognition. *Proceedings of the IEEE*, 86:2278–2324, 1998.

[213] Y. LeCun, S. Chopra, M. Ranzato, and F. Huang. Energy-based models in document recognition and computer vision. In *Proceedings of International Conference on Document Analysis and Recognition (ICDAR)*. 2007.

[214] C.-H. Lee. From knowledge-ignorant to knowledge-rich modeling: A new speech research paradigm for next-generation automatic speech recognition. In *Proceedings of International Conference on Spoken Language Processing (ICSLP)*, pages 109–111. 2004.

[215] H. Lee, R. Grosse, R. Ranganath, and A. Ng. Convolutional deep belief networks for scalable unsupervised learning of hierarchical representations. In *Proceedings of International Conference on Machine Learning (ICML)*. 2009.

[216] H. Lee, R. Grosse, R. Ranganath, and A. Ng. Unsupervised learning of hierarchical representations with convolutional deep belief networks. *Communications of the Association for Computing Machinery (ACM)*, 54(10):95–103, October 2011.

[217] H. Lee, Y. Largman, P. Pham, and A. Ng. Unsupervised feature learning for audio classification using convolutional deep belief networks. In *Proceedings of Neural Information Processing Systems (NIPS)*. 2010.

[218] P. Lena, K. Nagata, and P. Baldi. Deep spatiotemporal architectures and learning for protein structure prediction. In *Proceedings of Neural Information Processing Systems (NIPS)*. 2012.

[219] S. Levine. Exploring deep and recurrent architectures for optimal control. arXiv:1311.1761v1.

[220] J. Li, L. Deng, Y. Gong, and R. Haeb-Umbach. An overview of noise-robust automatic speech recognition. *IEEE/Association for Computing Machinery (ACM) Transactions on Audio, Speech, and Language*

Processing, pages 1–33, 2014.

[221] J. Li, D. Yu, J. Huang, and Y. Gong. Improving wideband speech recognition using mixed-bandwidth training data in CD-DNN-HMM. In *Proceedings of IEEE Spoken Language Technology (SLT)*. 2012.

[222] L. Li, Y. Zhao, D. Jiang, and Y. Zhang etc. Hybrid deep neural network–hidden markov model (DNN-HMM) based speech emotion recognition. In *Proceedings Conference on Affective Computing and Intelligent Interaction (ACII)*, pages 312–317. September 2013.

[223] H. Liao. Speaker adaptation of context dependent deep neural networks. In *Proceedings of International Conference on Acoustics Speech and Signal Processing (ICASSP)*. 2013.

[224] H. Liao, E. McDermott, and A. Senior. Large scale deep neural network acoustic modeling with semi-supervised training data for youtube video transcription. In *Proceedings of the Automatic Speech Recognition and Understanding Workshop (ASRU)*. 2013.

[225] H. Lin, L. Deng, D. Yu, Y. Gong, A. Acero, and C.-H. Lee. A study on multilingual acoustic modeling for large vocabulary ASR. In *Proceedings of International Conference on Acoustics Speech and Signal Processing (ICASSP)*. 2009.

[226] Y. Lin, F. Lv, S. Zhu, M. Yang, T. Cour, K. Yu, L. Cao, and T. Huang. Large-scale image classification: Fast feature extraction and SVM training. In *Proceedings of Computer Vision and Pattern Recognition (CVPR)*. 2011.

[227] Z. Ling, L. Deng, and D. Yu. Modeling spectral envelopes using restricted boltzmann machines and deep belief networks for statistical parametric speech synthesis. *IEEE Transactions on Audio Speech Language Processing*, 21(10):2129–2139, 2013.

[228] Z. Ling, L. Deng, and D. Yu. Modeling spectral envelopes using restricted boltzmann machines for statistical parametric speech synthesis. In *International Conference on Acoustics Speech and Signal Processing (ICASSP)*, pages 7825–7829. 2013.

[229] Z. Ling, K. Richmond, and J. Yamagishi. Articulatory control of HMM-based parametric speech synthesis using feature-space-switched multiple regression. *IEEE Transactions on Audio, Speech, and Language Processing*, 21, January 2013.

[230] L. Lu, K. Chin, A. Ghoshal, and S. Renals. Joint uncertainty decoding for noise robust subspace gaussian mixture models. *IEEE Transactions on Audio, Speech, and Language Processing*, 21(9):1791–1804, 2013.

[231] J. Ma and L. Deng. A path-stack algorithm for optimizing dynamic regimes in a statistical hidden dynamical model of speech. *Computer, Speech and Language*, 2000.

[232] J. Ma and L. Deng. Efficient decoding strategies for conversational speech recognition using a constrained nonlinear state-space model. *IEEE Transactions on Speech and Audio Processing*, 11(6):590–602, 2003.

[233] J. Ma and L. Deng. Target-directed mixture dynamic models for spontaneous speech recognition. *IEEE Transactions on Speech and Audio Processing*, 12(1):47–58, 2004.

[234] A. Maas, A. Hannun, and A. Ng. Rectifier nonlinearities improve neural network acoustic models. *International Conference on Machine Learning (ICML) Workshop on Deep Learning for Audio, Speech, and Language Processing*, 2013.

[235] A. Maas, Q. Le, T. O'Neil, O. Vinyals, P. Nguyen, and P. Ng. Recurrent neural networks for noise reduction in robust ASR. In *Proceedings of Interspeech*. 2012.

[236] C. Manning, P. Raghavan, and H. Schütze. *Introduction to Information Retrieval*. Cambridge University Press, 2009.

[237] J. Markoff. Scientists see promise in deep-learning programs. *New York Times*, November 24 2012.

[238] J. Martens. Deep learning with hessian-free optimization. In *Proceedings of International Conference on Machine Learning (ICML)*. 2010.

[239] J. Martens and I. Sutskever. Learning recurrent neural networks with hessian-free optimization. In *Proceedings of International Conference on Machine Learning (ICML)*. 2011.

[240] D. McAllester. A PAC-bayesian tutorial with a dropout bound. ArXive1307.2118, July 2013.

[241] I. McGraw, I. Badr, and J. R. Glass. Learning lexicons from speech using a pronunciation mixture model. *IEEE Transactions on Audio, Speech, and Language Processing*, 21(2):357,366, February 2013.

[242] G. Mesnil, X. He, L. Deng, and Y. Bengio. Investigation of recurrent-neural-network architectures and learning methods for spoken language understanding. In *Proceedings of Interspeech*. 2013.

[243] Y. Miao and F. Metze. Improving low-resource CD-DNN-HMM using dropout and multilingual DNN training. In *Proceedings of Interspeech*. 2013.

[244] Y. Miao, S. Rawat, and F. Metze. Deep maxout networks for low resource speech recognition. In *Proceedings of the Automatic Speech Recognition and Understanding Workshop (ASRU)*. 2013.

[245] T. Mikolov. Statistical language models based on neural networks. Ph.D. thesis, Brno University of Technology, 2012.

[246] T. Mikolov, K. Chen, G. Corrado, and J. Dean. Efficient estimation of

word representations in vector space. In *Proceedings of International Conference on Learning Representations (ICLR)*. 2013.

[247] T. Mikolov, A. Deoras, D. Povey, L. Burget, and J. Cernocky. Strategies for training large scale neural network language models. In *Proceedings of the IEEE Automatic Speech Recognition and Understanding Workshop (ASRU)*. 2011.

[248] T. Mikolov, M. Karafiat, L. Burget, J. Cernocky, and S. Khudanpur. Recurrent neural network based language model. In *Proceedings of International Conference on Acoustics Speech and Signal Processing (ICASSP)*, pages 1045–1048. 2010.

[249] T. Mikolov, Q. Le, and I. Sutskever. Exploiting similarities among languages for machine translation. arXiv:1309.4168v1, 2013.

[250] T. Mikolov, I. Sutskever, K. Chen, G. Corrado, and J. Dean. Distributed representations of words and phrases and their compositionality. In *Proceedings of Neural Information Processing Systems (NIPS)*. 2013.

[251] Y. Minami, E. McDermott, A. Nakamura, and S. Katagiri. A recognition method with parametric trajectory synthesized using direct relations between static and dynamic feature vector time series. In *Proceedings of International Conference on Acoustics Speech and Signal Processing (ICASSP)*, pages 957–960. 2002.

[252] A. Mnih and G. Hinton. Three new graphical models for statistical language modeling. In *Proceedings of International Conference on Machine Learning (ICML)*, pages 641–648. 2007.

[253] A. Mnih and G. Hinton. A scalable hierarchical distributed language model. In *Proceedings of Neural Information Processing Systems (NIPS)*, pages 1081–1088. 2008.

[254] A. Mnih and K. Kavukcuoglu. Learning word embeddings efficiently with noise-contrastive estimation. In *Proceedings of Neural Information Processing Systems (NIPS)*. 2013.

[255] A. Mnih and W.-T. Teh. A fast and simple algorithm for training neural probabilistic language models. In *Proceedings of International Conference on Machine Learning (ICML)*, pages 1751–1758. 2012.

[256] V. Mnih, K. Kavukcuoglu, D. Silver, A. Graves, I. Antonoglou, D. Wierstra, and M. Riedmiller. Playing arari with deep reinforcement learning. *Neural Information Processing Systems (NIPS) Deep Learning Workshop*, 2013. also arXiv:1312.5602v1.

[257] A. Mohamed, G. Dahl, and G. Hinton. Deep belief networks for phone recognition. In *Proceedings of Neural Information Processing Systems (NIPS) Workshop Deep Learning for Speech Recognition and Related Applications*. 2009.

[258] A. Mohamed, G. Dahl, and G. Hinton. Acoustic modeling using deep

belief networks. *IEEE Transactions on Audio, Speech, & Language Processing*, 20(1), January 2012.

[259] A. Mohamed, G. Hinton, and G. Penn. Understanding how deep belief networks perform acoustic modelling. In *Proceedings of International Conference on Acoustics Speech and Signal Processing (ICASSP)*. 2012.

[260] A. Mohamed, D. Yu, and L. Deng. Investigation of full-sequence training of deep belief networks for speech recognition. In *Proceedings of Interspeech*. 2010.

[261] N. Morgan. Deep and wide: Multiple layers in automatic speech recognition. *IEEE Transactions on Audio, Speech, & Language Processing*, 20(1), January 2012.

[262] N. Morgan, Q. Zhu, A. Stolcke, K. Sonmez, S. Sivadas, T. Shinozaki, M. Ostendorf, P. Jain, H. Hermansky, D. Ellis, G. Doddington, B. Chen, O. Cretin, H. Bourlard, and M. Athineos. Pushing the envelope — aside [speech recognition]. *IEEE Signal Processing Magazine*, 22(5):81–88, September 2005.

[263] F. Morin and Y. Bengio. Hierarchical probabilistic neural network language models. In *Proceedings of Artificial Intelligence and Statistics (AISTATS)*. 2005.

[264] K. Murphy. *Machine Learning — A Probabilistic Perspective*. The MIT Press, 2012.

[265] V. Nair and G. Hinton. 3-d object recognition with deep belief nets. In *Proceedings of Neural Information Processing Systems (NIPS)*. 2009.

[266] T. Nakashika, R. Takashima, T. Takiguchi, and Y. Ariki. Voice conversion in high-order eigen space using deep belief nets. In *Proceedings of Interspeech*. 2013.

[267] H. Ney. Speech translation: Coupling of recognition and translation. In *Proceedings of International Conference on Acoustics Speech and Signal Processing (ICASSP)*. 1999.

[268] J. Ngiam, Z. Chen, P. Koh, and A. Ng. Learning deep energy models. In *Proceedings of International Conference on Machine Learning (ICML)*. 2011.

[269] J. Ngiam, A. Khosla, M. Kim, J. Nam, H. Lee, and A. Ng. Multimodal deep learning. In *Proceedings of International Conference on Machine Learning (ICML)*. 2011.

[270] M. Norouzi, T. Mikolov, S. Bengio, J. Shlens, A. Frome, G. Corrado, and J. Dean. Zero-shot learning by convex combination of semantic embeddings. arXiv:1312.5650v2, 2013.

[271] N. Oliver, A. Garg, and E. Horvitz. Layered representations for learning and inferring office activity from multiple sensory channels. *Computer Vision and Image Understanding*, 96:163–180, 2004.

[272] B. Olshausen. Can 'deep learning' offer deep insights about visual representation? *Neural Information Processing Systems (NIPS) Workshop on Deep Learning and Unsupervised Feature Learning*, 2012.

[273] M. Ostendorf. Moving beyond the 'beads-on-a-string' model of speech. In *Proceedings of the Automatic Speech Recognition and Understanding Workshop (ASRU)*. 1999.

[274] M. Ostendorf, V. Digalakis, and O. Kimball. From HMMs to segment models: A unified view of stochastic modeling for speech recognition. *IEEE Transactions on Speech and Audio Processing*, 4(5), September 1996.

[275] L. Oudre, C. Fevotte, and Y. Grenier. Probabilistic template-based chord recognition. *IEEE Transactions on Audio, Speech, and Language Processing*, 19(8):2249–2259, November 2011.

[276] H. Palangi, L. Deng, and R. Ward. Learning input and recurrent weight matrices in echo state networks. *Neural Information Processing Systems (NIPS) Deep Learning Workshop*, December 2013.

[277] H. Palangi, R. Ward, and L. Deng. Using deep stacking network to improve structured compressive sensing with multiple measurement vectors. In *Proceedings of International Conference on Acoustics Speech and Signal Processing (ICASSP)*. 2013.

[278] G. Papandreou, A. Katsamanis, V. Pitsikalis, and P. Maragos. Adaptive multimodal fusion by uncertainty compensation with application to audiovisual speech recognition. *IEEE Transactions on Audio, Speech, and Language Processing*, 17:423–435, 2009.

[279] R. Pascanu, C. Gulcehre, K. Cho, and Y. Bengio. How to construct deep recurrent neural networks. In *Proceedings of International Conference on Learning Representations (ICLR)*. 2014.

[280] R. Pascanu, T. Mikolov, and Y. Bengio. On the difficulty of training recurrent neural networks. In *Proceedings of International Conference on Machine Learning (ICML)*. 2013.

[281] J. Peng, L. Bo, and J. Xu. Conditional neural fields. In *Proceedings of Neural Information Processing Systems (NIPS)*. 2009.

[282] P. Picone, S. Pike, R. Regan, T. Kamm, J. bridle, L. Deng, Z. Ma, H. Richards, and M. Schuster. Initial evaluation of hidden dynamic models on conversational speech. In *Proceedings of International Conference on Acoustics Speech and Signal Processing (ICASSP)*. 1999.

[283] J. Pinto, S. Garimella, M. Magimai-Doss, H. Hermansky, and H. Bourlard. Analysis of MLP-based hierarchical phone posterior probability estimators. *IEEE Transactions on Audio, Speech, and Language Processing*, 19(2), February 2011.

[284] C. Plahl, T. Sainath, B. Ramabhadran, and D. Nahamoo. Improved

pre-training of deep belief networks using sparse encoding symmetric machines. In *Proceedings of International Conference on Acoustics Speech and Signal Processing (ICASSP)*. 2012.

[285] C. Plahl, R. Schlüter, and H. Ney. Hierarchical bottleneck features for LVCSR. In *Proceedings of Interspeech*. 2010.

[286] T. Plate. Holographic reduced representations. *IEEE Transactions on Neural Networks*, 6(3):623–641, May 1995.

[287] T. Poggio. How the brain might work: The role of information and learning in understanding and replicating intelligence. In G. Jacovitt, A. Pettorossi, R. Consolo, and V. Senni, editors, *Information: Science and Technology for the New Century*, pages 45–61. Lateran University Press, 2007.

[288] J. Pollack. Recursive distributed representations. *Artificial Intelligence*, 46:77–105, 1990.

[289] H. Poon and P. Domingos. Sum-product networks: A new deep architecture. In *Proceedings of Uncertainty in Artificial Intelligence*. 2011.

[290] D. Povey and P. Woodland. Minimum phone error and I-smoothing for improved discriminative training. In *Proceedings of International Conference on Acoustics Speech and Signal Processing (ICASSP)*. 2002.

[291] R. Prabhavalkar and E. Fosler-Lussier. Backpropagation training for multilayer conditional random field based phone recognition. In *Proceedings of International Conference on Acoustics Speech and Signal Processing (ICASSP)*. 2010.

[292] A. Prince and P. Smolensky. Optimality: From neural networks to universal grammar. *Science*, 275:1604–1610, 1997.

[293] L. Rabiner. A tutorial on hidden markov models and selected applications in speech recognition. In *Proceedings of the IEEE*, pages 257–286. 1989.

[294] M. Ranzato, Y. Boureau, and Y. LeCun. Sparse feature learning for deep belief networks. In *Proceedings of Neural Information Processing Systems (NIPS)*. 2007.

[295] M. Ranzato, S. Chopra, Y. LeCun, and F.-J. Huang. Energy-based models in document recognition and computer vision. In *Proceedings of International Conference on Document Analysis and Recognition (ICDAR)*. 2007.

[296] M. Ranzato and G. Hinton. Modeling pixel means and covariances using factorized third-order boltzmann machines. In *Proceedings of Computer Vision and Pattern Recognition (CVPR)*. 2010.

[297] M. Ranzato, C. Poultney, S. Chopra, and Y. LeCun. Efficient learning of sparse representations with an energy-based model. In *Proceedings of Neural Information Processing Systems (NIPS)*. 2006.

[298] M. Ranzato, J. Susskind, V. Mnih, and G. Hinton. On deep generative models with applications to recognition. In *Proceedings of Computer Vision and Pattern Recognition (CVPR)*. 2011.

[299] C. Rathinavalu and L. Deng. Construction of state-dependent dynamic parameters by maximum likelihood: Applications to speech recognition. *Signal Processing*, 55(2):149–165, 1997.

[300] S. Rennie, K. Fouset, and P. Dognin. Factorial hidden restricted boltzmann machines for noise robust speech recognition. In *Proceedings of International Conference on Acoustics Speech and Signal Processing (ICASSP)*. 2012.

[301] S. Rennie, H. Hershey, and P. Olsen. Single-channel multi-talker speech recognition — graphical modeling approaches. *IEEE Signal Processing Magazine*, 33:66–80, 2010.

[302] M. Riedmiller and H. Braun. A direct adaptive method for faster back-propagation learning: The RPROP algorithm. In *Proceedings of the IEEE International Conference on Neural Networks*. 1993.

[303] S. Rifai, P. Vincent, X. Muller, X. Glorot, and Y. Bengio. Contractive autoencoders: Explicit invariance during feature extraction. In *Proceedings of International Conference on Machine Learning (ICML)*, pages 833–840. 2011.

[304] A. Robinson. An application of recurrent nets to phone probability estimation. *IEEE Transactions on Neural Networks*, 5:298–305, 1994.

[305] T. Sainath, L. Horesh, B. Kingsbury, A. Aravkin, and B. Ramabhadran. Accelerating hessian-free optimization for deep neural networks by implicit pre-conditioning and sampling. arXiv: 1309.1508v3, 2013.

[306] T. Sainath, B. Kingsbury, A. Mohamed, G. Dahl, G. Saon, H. Soltau, T. Beran, A. Aravkin, and B. Ramabhadran. Improvements to deep convolutional neural networks for LVCSR. In *Proceedings of the Automatic Speech Recognition and Understanding Workshop (ASRU)*. 2013.

[307] T. Sainath, B. Kingsbury, A. Mohamed, and B. Ramabhadran. Learning filter banks within a deep neural network framework. In *Proceedings of The Automatic Speech Recognition and Understanding Workshop (ASRU)*. 2013.

[308] T. Sainath, B. Kingsbury, and B. Ramabhadran. Autoencoder bottleneck features using deep belief networks. In *Proceedings of International Conference on Acoustics Speech and Signal Processing (ICASSP)*. 2012.

[309] T. Sainath, B. Kingsbury, B. Ramabhadran, P. Novak, and A. Mohamed. Making deep belief networks effective for large vocabulary continuous speech recognition. In *Proceedings of the Automatic Speech Recognition and Understanding Workshop (ASRU)*. 2011.

[310] T. Sainath, B. Kingsbury, V. Sindhwani, E. Arisoy, and B. Ramabhad-

ran. Low-rank matrix factorization for deep neural network training with high-dimensional output targets. In *Proceedings of International Conference on Acoustics Speech and Signal Processing (ICASSP)*. 2013.

[311] T. Sainath, B. Kingsbury, H. Soltau, and B. Ramabhadran. Optimization techniques to improve training speed of deep neural networks for large speech tasks. *IEEE Transactions on Audio, Speech, and Language Processing*, 21(11):2267–2276, November 2013.

[312] T. Sainath, A. Mohamed, B. Kingsbury, and B. Ramabhadran. Convolutional neural networks for LVCSR. In *Proceedings of International Conference on Acoustics Speech and Signal Processing (ICASSP)*. 2013.

[313] T. Sainath, B. Ramabhadran, M. Picheny, D. Nahamoo, and D. Kanevsky. Exemplar-based sparse representation features: From TIMIT to LVCSR. *IEEE Transactions on Speech and Audio Processing*, November 2011.

[314] R. Salakhutdinov and G. Hinton. Semantic hashing. In *Proceedings of Special Interest Group on Information Retrieval (SIGIR) Workshop on Information Retrieval and Applications of Graphical Models*. 2007.

[315] R. Salakhutdinov and G. Hinton. Deep boltzmann machines. In *Proceedings of Artificial Intelligence and Statistics (AISTATS)*. 2009.

[316] R. Salakhutdinov and G. Hinton. A better way to pretrain deep boltzmann machines. In *Proceedings of Neural Information Processing Systems (NIPS)*. 2012.

[317] G. Saon, H. Soltau, D. Nahamoo, and M. Picheny. Speaker adaptation of neural network acoustic models using i-vectors. In *Proceedings of the Automatic Speech Recognition and Understanding Workshop (ASRU)*. 2013.

[318] R. Sarikaya, G. Hinton, and B. Ramabhadran. Deep belief nets for natural language call-routing. In *Proceedings of International Conference on Acoustics Speech and Signal Processing (ICASSP)*, pages 5680–5683. 2011.

[319] E. Schmidt and Y. Kim. Learning emotion-based acoustic features with deep belief networks. In *Proceedings IEEE of Signal Processing to Audio and Acoustics*. 2011.

[320] H. Schwenk. Continuous space translation models for phrase-based statistical machine translation. In *Proceedings of Computational Linguistics*. 2012.

[321] H. Schwenk, A. Rousseau, and A. Mohammed. Large, pruned or continuous space language models on a gpu for statistical machine translation. In *Proceedings of the Joint Human Language Technology Conference and the North American Chapter of the Association of Computational Linguistics (HLT-NAACL) 2012 Workshop on the future of language*

modeling for Human Language Technology (HLT), pages 11–19.

[322] F. Seide, H. Fu, J. Droppo, G. Li, and D. Yu. On parallelizability of stochastic gradient descent for speech DNNs. In *Proceedings of International Conference on Acoustics Speech and Signal Processing (ICASSP)*. 2014.

[323] F. Seide, G. Li, X. Chen, and D. Yu. Feature engineering in context-dependent deep neural networks for conversational speech transcription. In *Proceedings of the Automatic Speech Recognition and Understanding Workshop (ASRU)*, pages 24–29. 2011.

[324] F. Seide, G. Li, and D. Yu. Conversational speech transcription using context-dependent deep neural networks. In *Proceedings of Interspeech*, pages 437–440. 2011.

[325] M. Seltzer, D. Yu, and E. Wang. An investigation of deep neural networks for noise robust speech recognition. In *Proceedings of International Conference on Acoustics Speech and Signal Processing (ICASSP)*. 2013.

[326] M. Shannon, H. Zen, and W. Byrne. Autoregressive models for statistical parametric speech synthesis. *IEEE Transactions on Audio, Speech, Language Processing*, 21(3):587–597, 2013.

[327] H. Sheikhzadeh and L. Deng. Waveform-based speech recognition using hidden filter models: Parameter selection and sensitivity to power normalization. *IEEE Transactions on on Speech and Audio Processing (ICASSP)*, 2:80–91, 1994.

[328] Y. Shen, X. He, J. Gao, L. Deng, and G. Mesnil. Learning semantic representations using convolutional neural networks for web search. In *Proceedings World Wide Web*. 2014.

[329] K. Simonyan, A. Vedaldi, and A. Zisserman. Deep fisher networks for large-scale image classification. In *Proceedings of Neural Information Processing Systems (NIPS)*. 2013.

[330] M. Siniscalchi, J. Li, and C. Lee. Hermitian polynomial for speaker adaptation of connectionist speech recognition systems. *IEEE Transactions on Audio, Speech, and Language Processing*, 21(10):2152–2161, 2013a.

[331] M. Siniscalchi, T. Svendsen, and C.-H. Lee. A bottom-up modular search approach to large vocabulary continuous speech recognition. *IEEE Transactions on Audio, Speech, Language Processing*, 21, 2013.

[332] M. Siniscalchi, D. Yu, L. Deng, and C.-H. Lee. Exploiting deep neural networks for detection-based speech recognition. *Neurocomputing*, 106:148–157, 2013.

[333] M. Siniscalchi, D. Yu, L. Deng, and C.-H. Lee. Speech recognition using long-span temporal patterns in a deep network model. *IEEE Signal*

Processing Letters, 20(3):201–204, March 2013.

[334] G. Sivaram and H. Hermansky. Sparse multilayer perceptrons for phoneme recognition. *IEEE Transactions on Audio, Speech, & Language Processing*, 20(1), January 2012.

[335] P. Smolensky. Tensor product variable binding and the representation of symbolic structures in connectionist systems. *Artificial Intelligence*, 46:159–216, 1990.

[336] P. Smolensky and G. Legendre. *The Harmonic Mind — From Neural Computation to Optimality-Theoretic Grammar*. The MIT Press, Cambridge, MA, 2006.

[337] J. Snoek, H. Larochelle, and R. Adams. Practical bayesian optimization of machine learning algorithms. In *Proceedings of Neural Information Processing Systems (NIPS)*. 2012.

[338] R. Socher. New directions in deep learning: Structured models, tasks, and datasets. *Neural Information Processing Systems (NIPS) Workshop on Deep Learning and Unsupervised Feature Learning*, 2012.

[339] R. Socher, Y. Bengio, and C. Manning. Deep learning for NLP. *Tutorial at Association of Computational Logistics (ACL), 2012, and North American Chapter of the Association of Computational Linguistics (NAACL)*, 2013. http://www.socher.org/index.php/DeepLearningTutorial.

[340] R. Socher, D. Chen, C. Manning, and A. Ng. Reasoning with neural tensor networks for knowledge base completion. In *Proceedings of Neural Information Processing Systems (NIPS)*. 2013.

[341] R. Socher and L. Fei-Fei. Connecting modalities: Semi-supervised segmentation and annotation of images using unaligned text corpora. In *Proceedings of Computer Vision and Pattern Recognition (CVPR)*. 2010.

[342] R. Socher, M. Ganjoo, H. Sridhar, O. Bastani, C. Manning, and A. Ng. Zero-shot learning through cross-modal transfer. In *Proceedings of Neural Information Processing Systems (NIPS)*. 2013b.

[343] R. Socher, Q. Le, C. Manning, and A. Ng. Grounded compositional semantics for finding and describing images with sentences. *Neural Information Processing Systems (NIPS) Deep Learning Workshop*, 2013c.

[344] R. Socher, C. Lin, A. Ng, and C. Manning. Parsing natural scenes and natural language with recursive neural networks. In *Proceedings of International Conference on Machine Learning (ICML)*. 2011.

[345] R. Socher, J. Pennington, E. Huang, A. Ng, and C. Manning. Dynamic pooling and unfolding recursive autoencoders for paraphrase detection. In *Proceedings of Neural Information Processing Systems (NIPS)*. 2011.

[346] R. Socher, J. Pennington, E. Huang, A. Ng, and C. Manning. Semi-supervised recursive autoencoders for predicting sentiment distributions. In *Proceedings of Empirical Methods in Natural Language Processing (EMNLP)*. 2011.

[347] R. Socher, A. Perelygin, J. Wu, J. Chuang, C. Manning, A. Ng, and C. Potts. Recursive deep models for semantic compositionality over a sentiment treebank. In *Proceedings of Empirical Methods in Natural Language Processing (EMNLP)*. 2013.

[348] N. Srivastava and R. Salakhutdinov. Multimodal learning with deep boltzmann machines. In *Proceedings of Neural Information Processing Systems (NIPS)*. 2012.

[349] N. Srivastava and R. Salakhutdinov. Discriminative transfer learning with tree-based priors. In *Proceedings of Neural Information Processing Systems (NIPS)*. 2013.

[350] R. Srivastava, J. Masci, S. Kazerounian, F. Gomez, and J. Schmidhuber. Compete to compute. In *Proceedings of Neural Information Processing Systems (NIPS)*. 2013.

[351] T. Stafylakis, P. Kenny, M. Senoussaoui, and P. Dumouchel. Preliminary investigation of boltzmann machine classifiers for speaker recognition. In *Proceedings of Odyssey*, pages 109–116. 2012.

[352] V. Stoyanov, A. Ropson, and J. Eisner. Empirical risk minimization of graphical model parameters given approximate inference, decoding, and model structure. In *Proceedings of Artificial Intelligence and Statistics (AISTATS)*. 2011.

[353] H. Su, G. Li, D. Yu, and F. Seide. Error back propagation for sequence training of context-dependent deep networks for conversational speech transcription. In *Proceedings of International Conference on Acoustics Speech and Signal Processing (ICASSP)*. 2013.

[354] A. Subramanya, L. Deng, Z. Liu, and Z. Zhang. Multi-sensory speech processing: Incorporating automatically extracted hidden dynamic information. In *Proceedings of IEEE International Conference on Multimedia & Expo (ICME)*. Amsterdam, July 2005.

[355] J. Sun and L. Deng. An overlapping-feature based phonological model incorporating linguistic constraints: Applications to speech recognition. *Journal on Acoustical Society of America*, 111(2):1086–1101, 2002.

[356] I. Sutskever. Training recurrent neural networks. Ph.D. Thesis, University of Toronto, 2013.

[357] I. Sutskever, J. Martens, and G. Hinton. Generating text with recurrent neural networks. In *Proceedings of International Conference on Machine Learning (ICML)*. 2011.

[358] Y. Tang and C. Eliasmith. Deep networks for robust visual recogni-

tion. In *Proceedings of International Conference on Machine Learning (ICML)*. 2010.

[359] Y. Tang and R. Salakhutdinov. *Learning Stochastic Feedforward Neural Networks*. NIPS, 2013.

[360] A. Tarralba, R. Fergus, and Y. Weiss. Small codes and large image databases for recognition. In *Proceedings of Computer Vision and Pattern Recognition (CVPR)*. 2008.

[361] G. Taylor, G. E. Hinton, and S. Roweis. Modeling human motion using binary latent variables. In *Proceedings of Neural Information Processing Systems (NIPS)*. 2007.

[362] S. Thomas, M. Seltzer, K. Church, and H. Hermansky. Deep neural network features and semi-supervised training for low resource speech recognition. In *Proceedings of Interspeech*. 2013.

[363] T. Tieleman. Training restricted boltzmann machines using approximations to the likelihood gradient. In *Proceedings of International Conference on Machine Learning (ICML)*. 2008.

[364] K. Tokuda, Y. Nankaku, T. Toda, H. Zen, H. Yamagishi, and K. Oura. Speech synthesis based on hidden markov models. *Proceedings of the IEEE*, 101(5):1234–1252, 2013.

[365] F. Triefenbach, A. Jałalvand, K. Demuynck, and J.-P. Martens. Acoustic modeling with hierarchical reservoirs. *IEEE Transactions on Audio, Speech, and Language Processing*, 21(11):2439–2450, November 2013.

[366] G. Tur, L. Deng, D. Hakkani-Tür, and X. He. Towards deep understanding: Deep convex networks for semantic utterance classification. In *Proceedings of International Conference on Acoustics Speech and Signal Processing (ICASSP)*. 2012.

[367] J. Turian, L. Ratinov, and Y. Bengio. Word representations: A simple and general method for semi-supervised learning. In *Proceedings of Association for Computational Linguistics (ACL)*. 2010.

[368] Z. Tüske, M. Sundermeyer, R. Schlüter, and H. Ney. Context-dependent MLPs for LVCSR: TANDEM, hybrid or both? In *Proceedings of Interspeech*. 2012.

[369] B. Uria, S. Renals, and K. Richmond. A deep neural network for acoustic-articulatory speech inversion. *Neural Information Processing Systems (NIPS) Workshop on Deep Learning and Unsupervised Feature Learning*, 2011.

[370] R. van Dalen and M. Gales. Extended VTS for noise-robust speech recognition. *IEEE Transactions on Audio, Speech, and Language Processing*, 19(4):733–743, 2011.

[371] A. van den Oord, S. Dieleman, and B. Schrauwen. Deep content-based music recommendation. In *Proceedings of Neural Information Process-*

ing Systems (NIPS). 2013.

[372] V. Vasilakakis, S. Cumani, and P. Laface. Speaker recognition by means of deep belief networks. In *Proceedings of Biometric Technologies in Forensic Science*. 2013.

[373] K. Vesely, A. Ghoshal, L. Burget, and D. Povey. Sequence-discriminative training of deep neural networks. In *Proceedings of Interspeech*. 2013.

[374] K. Vesely, M. Hannemann, and L. Burget. Semi-supervised training of deep neural networks. In *Proceedings of the Automatic Speech Recognition and Understanding Workshop (ASRU)*. 2013.

[375] P. Vincent. A connection between score matching and denoising autoencoder. *Neural Computation*, 23(7):1661–1674, 2011.

[376] P. Vincent, H. Larochelle, I. Lajoie, Y. Bengio, and P. Manzagol. Stacked denoising autoencoders: Learning useful representations in a deep network with a local denoising criterion. *Journal of Machine Learning Research*, 11:3371–3408, 2010.

[377] O. Vinyals, Y. Jia, L. Deng, and T. Darrell. Learning with recursive perceptual representations. In *Proceedings of Neural Information Processing Systems (NIPS)*. 2012.

[378] O. Vinyals and D. Povey. Krylov subspace descent for deep learning. In *Proceedings of Artificial Intelligence and Statistics (AISTATS)*. 2012.

[379] O. Vinyals and S. Ravuri. Comparing multilayer perceptron to deep belief network tandem features for robust ASR. In *Proceedings of International Conference on Acoustics Speech and Signal Processing (ICASSP)*. 2011.

[380] O. Vinyals, S. Ravuri, and D. Povey. Revisiting recurrent neural networks for robust ASR. In *Proceedings of International Conference on Acoustics Speech and Signal Processing (ICASSP)*. 2012.

[381] S. Wager, S. Wang, and P. Liang. Dropout training as adaptive regularization. In *Proceedings of Neural Information Processing Systems (NIPS)*. 2013.

[382] A. Waibel, T. Hanazawa, G. Hinton, K. Shikano, and K. Lang. Phoneme recognition using time-delay neural networks. *IEEE Transactions on Acoustical Speech, and Signal Processing*, 37:328–339, 1989.

[383] G. Wang and K. Sim. Context-dependent modelling of deep neural network using logistic regression. In *Proceedings of the Automatic Speech Recognition and Understanding Workshop (ASRU)*. 2013.

[384] G. Wang and K. Sim. Regression-based context-dependent modeling of deep neural networks for speech recognition. *IEEE/Association for Computing Machinery (ACM) Transactions on Audio, Speech, and Language Processing*, 2014.

[385] D. Warde-Farley, I. Goodfellow, A. Courville, and Y. Bengi. An empirical analysis of dropout in piecewise linear networks. In *Proceedings of International Conference on Learning Representations (ICLR)*. 2014.

[386] M. Welling, M. Rosen-Zvi, and G. Hinton. Exponential family harmoniums with an application to information retrieval. In *Proceedings of Neural Information Processing Systems (NIPS)*. 2005.

[387] C. Weng, D. Yu, M. Seltzer, and J. Droppo. Single-channel mixed speech recognition using deep neural networks. In *Proceedings of International Conference on Acoustics Speech and Signal Processing (ICASSP)*. 2014.

[388] J. Weston, S. Bengio, and N. Usunier. Large scale image annotation: Learning to rank with joint word-image embeddings. *Machine Learning*, 81(1):21–35, 2010.

[389] J. Weston, S. Bengio, and N. Usunier. Wsabie: Scaling up to large vocabulary image annotation. In *Proceedings of International Joint Conference on Artificial Intelligence (IJCAI)*. 2011.

[390] S. Wiesler, J. Li, and J. Xue. Investigations on hessian-free optimization for cross-entropy training of deep neural networks. In *Proceedings of Interspeech*. 2013.

[391] M. Wohlmayr, M. Stark, and F. Pernkopf. A probabilistic interaction model for multi-pitch tracking with factorial hidden markov model. *IEEE Transactions on Audio, Speech, and Language Processing*, 19(4), May 2011.

[392] D. Wolpert. Stacked generalization. *Neural Networks*, 5(2):241–259, 1992.

[393] S. J. Wright, D. Kanevsky, L. Deng, X. He, G. Heigold, and H. Li. Optimization algorithms and applications for speech and language processing. *IEEE Transactions on Audio, Speech, and Language Processing*, 21(11):2231–2243, November 2013.

[394] L. Xiao and L. Deng. A geometric perspective of large-margin training of gaussian models. *IEEE Signal Processing Magazine*, 27(6):118–123, November 2010.

[395] X. Xie and S. Seung. Equivalence of backpropagation and contrastive hebbian learning in a layered network. *Neural computation*, 15:441–454, 2003.

[396] Y. Xu, J. Du, L. Dai, and C. Lee. An experimental study on speech enhancement based on deep neural networks. *IEEE Signal Processing Letters*, 21(1):65–68, 2014.

[397] J. Xue, J. Li, and Y. Gong. Restructuring of deep neural network acoustic models with singular value decomposition. In *Proceedings of Interspeech*. 2013.

[398] S. Yamin, L. Deng, Y. Wang, and A. Acero. An integrative and discrimi-

native technique for spoken utterance classification. *IEEE Transactions on Audio, Speech, and Language Processing*, 16:1207–1214, 2008.

[399] Z. Yan, Q. Huo, and J. Xu. A scalable approach to using DNN-derived features in GMM-HMM based acoustic modeling for LVCSR. In *Proceedings of Interspeech.* 2013.

[400] D. Yang and S. Furui. Combining a two-step CRF model and a joint source-channel model for machine transliteration. In *Proceedings of Association for Computational Linguistics (ACL)*, pages 275–280. 2010.

[401] K. Yao, D. Yu, L. Deng, and Y. Gong. A fast maximum likelihood nonlinear feature transformation method for GMM-HMM speaker adaptation. *Neurocomputing*, 2013a.

[402] K. Yao, D. Yu, F. Seide, H. Su, L. Deng, and Y. Gong. Adaptation of context-dependent deep neural networks for automatic speech recognition. In *Proceedings of International Conference on Acoustics Speech and Signal Processing (ICASSP).* 2012.

[403] K. Yao, G. Zweig, M. Hwang, Y. Shi, and D. Yu. Recurrent neural networks for language understanding. In *Proceedings of Interspeech.* 2013.

[404] T. Yoshioka and T. Nakatani. Noise model transfer: Novel approach to robustness against nonstationary noise. *IEEE Transactions on Audio, Speech, and Language Processing*, 21(10):2182–2192, 2013.

[405] T. Yoshioka, A. Ragni, and M. Gales. Investigation of unsupervised adaptation of DNN acoustic models with filter bank input. In *Proceedings of International Conference on Acoustics Speech and Signal Processing (ICASSP).* 2013.

[406] L. Younes. On the convergence of markovian stochastic algorithms with rapidly decreasing ergodicity rates. *Stochastics and Stochastic Reports*, 65(3):177–228, 1999.

[407] D. Yu, X. Chen, and L. Deng. Factorized deep neural networks for adaptive speech recognition. *International Workshop on Statistical Machine Learning for Speech Processing*, March 2012b.

[408] D. Yu, D. Deng, and S. Wang. Learning in the deep-structured conditional random fields. *Neural Information Processing Systems (NIPS) 2009 Workshop on Deep Learning for Speech Recognition and Related Applications*, 2009.

[409] D. Yu and L. Deng. Solving nonlinear estimation problems using splines. *IEEE Signal Processing Magazine*, 26(4):86–90, July 2009.

[410] D. Yu and L. Deng. Deep-structured hidden conditional random fields for phonetic recognition. In *Proceedings of Interspeech.* September 2010.

[411] D. Yu and L. Deng. Accelerated parallelizable neural networks learning

algorithms for speech recognition. In *Proceedings of Interspeech.* 2011.

[412] D. Yu and L. Deng. Deep learning and its applications to signal and information processing. *IEEE Signal Processing Magazine*, pages 145–154, January 2011.

[413] D. Yu and L. Deng. Efficient and effective algorithms for training single-hidden-layer neural networks. *Pattern Recognition Letters*, 33:554–558, 2012.

[414] D. Yu, L. Deng, and G. E. Dahl. Roles of pre-training and fine-tuning in context-dependent DBN-HMMs for real-world speech recognition. *Neural Information Processing Systems (NIPS) 2010 Workshop on Deep Learning and Unsupervised Feature Learning*, December 2010.

[415] D. Yu, L. Deng, J. Droppo, J. Wu, Y. Gong, and A. Acero. Robust speech recognition using cepstral minimum-mean-square-error noise suppressor. *IEEE Transactions on Audio, Speech, and Language Processing*, 16(5), July 2008.

[416] D. Yu, L. Deng, Y. Gong, and A. Acero. A novel framework and training algorithm for variable-parameter hidden markov models. *IEEE Transactions on Audio, Speech and Language Processing*, 17(7):1348–1360, 2009.

[417] D. Yu, L. Deng, X. He, and A. Acero. Large-margin minimum classification error training: A theoretical risk minimization perspective. *Computer Speech and Language*, 22(4):415–429, October 2008.

[418] D. Yu, L. Deng, X. He, and X. Acero. Large-margin minimum classification error training for large-scale speech recognition tasks. In *Proceedings of International Conference on Acoustics Speech and Signal Processing (ICASSP).* 2007.

[419] D. Yu, L. Deng, G. Li, and F. Seide. Discriminative pretraining of deep neural networks. *U.S. Patent Filing*, November 2011.

[420] D. Yu, L. Deng, P. Liu, J. Wu, Y. Gong, and A. Acero. Cross-lingual speech recognition under runtime resource constraints. In *Proceedings of International Conference on Acoustics Speech and Signal Processing (ICASSP).* 2009b.

[421] D. Yu, L. Deng, and F. Seide. Large vocabulary speech recognition using deep tensor neural networks. In *Proceedings of Interspeech.* 2012c.

[422] D. Yu, L. Deng, and F. Seide. The deep tensor neural network with applications to large vocabulary speech recognition. *IEEE Transactions on Audio, Speech, and Language Processing*, 21(2):388–396, 2013.

[423] D. Yu, J.-Y. Li, and L. Deng. Calibration of confidence measures in speech recognition. *IEEE Transactions on Audio, Speech and Language*, 19:2461–2473, 2010.

[424] D. Yu, F. Seide, G. Li, and L. Deng. Exploiting sparseness in deep neural networks for large vocabulary speech recognition. In *Proceedings of International Conference on Acoustics Speech and Signal Processing (ICASSP)*. 2012.

[425] D. Yu and M. Seltzer. Improved bottleneck features using pre-trained deep neural networks. In *Proceedings of Interspeech*. 2011.

[426] D. Yu, M. Seltzer, J. Li, J.-T. Huang, and F. Seide. Feature learning in deep neural networks — studies on speech recognition. In *Proceedings of International Conference on Learning Representations (ICLR)*. 2013.

[427] D. Yu, S. Siniscalchi, L. Deng, and C. Lee. Boosting attribute and phone estimation accuracies with deep neural networks for detection-based speech recognition. In *Proceedings of International Conference on Acoustics Speech and Signal Processing (ICASSP)*. 2012.

[428] D. Yu, S. Wang, and L. Deng. Sequential labeling using deep-structured conditional random fields. *Journal of Selected Topics in Signal Processing*, 4:965–973, 2010.

[429] D. Yu, S. Wang, Z. Karam, and L. Deng. Language recognition using deep-structured conditional random fields. In *Proceedings of International Conference on Acoustics Speech and Signal Processing (ICASSP)*, pages 5030–5033. 2010.

[430] D. Yu, K. Yao, H. Su, G. Li, and F. Seide. KL-divergence regularized deep neural network adaptation for improved large vocabulary speech recognition. In *Proceedings of International Conference on Acoustics Speech and Signal Processing (ICASSP)*. 2013.

[431] K. Yu, M. Gales, and P. Woodland. Unsupervised adaptation with discriminative mapping transforms. *IEEE Transactions on Audio, Speech, and Language Processing*, 17(4):714–723, 2009.

[432] K. Yu, Y. Lin, and H. Lafferty. Learning image representations from the pixel level via hierarchical sparse coding. In *Proceedings Computer Vision and Pattern Recognition (CVPR)*. 2011.

[433] F. Zamora-Martínez, M. Castro-Bleda, and S. España-Boquera. Fast evaluation of connectionist language models. *International Conference on Artificial Neural Networks*, pages 144–151, 2009.

[434] M. Zeiler. Hierarchical convolutional deep learning in computer vision. Ph.D. Thesis, New York University, January 2014.

[435] M. Zeiler and R. Fergus. Stochastic pooling for regularization of deep convolutional neural networks. In *Proceedings of International Conference on Learning Representations (ICLR)*. 2013.

[436] M. Zeiler and R. Fergus. Visualizing and understanding convolutional networks. arXiv:1311.2901, pages 1–11, 2013.

[437] M. Zeiler, G. Taylor, and R. Fergus. Adaptive deconvolutional networks for mid and high level feature learning. In *Proceedings of International Conference on Computer vision (ICCV)*. 2011.

[438] H. Zen, M. Gales, J. F. Nankaku, and Y. K. Tokuda. Product of experts for statistical parametric speech synthesis. *IEEE Transactions on Audio, Speech, and Language Processing*, 20(3):794–805, March 2012.

[439] H. Zen, Y. Nankaku, and K. Tokuda. Continuous stochastic feature mapping based on trajectory HMMs. *IEEE Transactions on Audio, Speech, and Language Processings*, 19(2):417–430, February 2011.

[440] H. Zen, A. Senior, and M. Schuster. Statistical parametric speech synthesis using deep neural networks. In *Proceedings of International Conference on Acoustics Speech and Signal Processing (ICASSP)*, pages 7962–7966. 2013.

[441] X. Zhang, J. Trmal, D. Povey, and S. Khudanpur. Improving deep neural network acoustic models using generalized maxout networks. In *Proceedings of International Conference on Acoustics Speech and Signal Processing (ICASSP)*. 2014.

[442] X. Zhang and J. Wu. Deep belief networks based voice activity detection. *IEEE Transactions on Audio, Speech, and Language Processing*, 21(4):697–710, 2013.

[443] Z. Zhang, Z. Liu, M. Sinclair, A. Acero, L. Deng, J. Droppo, X. Huang, and Y. Zheng. Multi-sensory microphones for robust speech detection, enhancement and recognition. In *Proceedings of International Conference on Acoustics Speech and Signal Processing (ICASSP)*. 2004.

[444] Y. Zhao and B. Juang. Nonlinear compensation using the gauss-newton method for noise-robust speech recognition. *IEEE Transactions on Audio, Speech, and Language Processing*, 20(8):2191–2206, 2012.

[445] W. Zou, R. Socher, D. Cer, and C. Manning. Bilingual word embeddings for phrase-based machine translation. In *Proceedings of Empirical Methods in Natural Language Processing (EMNLP)*. 2013.

[446] G. Zweig and P. Nguyen. A segmental CRF approach to large vocabulary continuous speech recognition. In *Proceedings of the Automatic Speech Recognition and Understanding Workshop (ASRU)*. 2009.